有機溶剤中毒予防の知識と実践

作業者用教育テキスト

中央労働災害防止協会

はじめに

　有機溶剤とは、他の物質を溶かす性質を有する有機化合物をいい、多くの業種において取り扱われ、塗装、洗浄、印刷等様々な作業で使用されています。

　このように有機溶剤は有用性が高く、広く使用されていますが、取扱いを誤ると作業をする人々の健康に障害を与えることも少なくありません。

　これらの健康障害を未然に防止するためには、有機溶剤中毒予防規則などに定められている事項を確実に実施するとともに、有機溶剤を取り扱う人々がその特性や毒性を認識し、健康障害の予防対策を正しく理解し、実践していくことが重要です。

　本書は、有機溶剤を取り扱う人々のために基本的事項をとりまとめたもので、国から実施することが望ましいとされている、「特別教育」に準じた教育である「有機溶剤業務従事者に対する労働衛生教育」の実施要領に合致した内容となっています。

　今回、最新の法令に対応するとともに、内容の一層の充実を図るために改訂を行いました。

　本書が多くの関係者に広く活用され、有機溶剤による健康障害の防止にお役に立てば幸いです。

　令和３年７月

中央労働災害防止協会

教育科目について

　有機溶剤作業従事者については、特別教育に準じた教育として、下記の労働衛生教育を実施することとされています。

有機溶剤業務従事者に対する労働衛生教育カリキュラム

（昭和 59 年 6 月 29 日　基発第 337 号）

科　目	範　囲	時　間
有機溶剤による疾病及び健康管理	有機溶剤の種類及びその性状 有機溶剤の使用される業務 有機溶剤による健康障害、その予防方法及び応急措置	1 時間
作業環境管理	有機溶剤蒸気の発散防止対策の種類及びその概要 有機溶剤蒸気の発散防止対策に係る設備及び換気のための設備の保守、点検の方法 作業環境の状態の把握 有機溶剤に係る事項の掲示、有機溶剤の区分の表示 有機溶剤の貯蔵及び空容器の処理	2 時間
保護具の使用方法	保護具の種類、性能、使用方法及び保守管理	1 時間
関係法令	労働安全衛生法、労働安全衛生法施行令、労働安全衛生規則及び有機溶剤中毒予防規則（これに基づく告示を含む。）中の関係条項	0.5 時間

目　　次

第1章

労働衛生の目標

★学習のねらい★

　　この章では、みなさんが有機溶剤作業を行っていくうえで、健康を損なうことなく、快適な職場環境で働いていけるようにするために、法令で定められている事項について学びます。とくに、労働衛生管理において重要とされる基本の3管理（作業環境管理、作業管理、健康管理）について理解しましょう。

労働安全衛生法に定める事業者の責務

　労働安全衛生法の「目的」は、第1条で、「この法律は、労働基準法と相まって、労働災害の防止のための危害防止基準の確立、責任体制の明確化及び自主的活動の促進の措置を講ずる等その防止に関する総合的計画的な対策を推進することにより職場における労働者の安全と健康を確保するとともに、快適な職場環境の形成を促進することを目的とする。」と規定されています。

　また、同法第3条には、事業者の責務として、単に最低基準を守るだけでなく、快適な職場環境の実現と労働条件の改善を通じて職場における労働者の安全と健康を確保するようにしなければならないことが定められています。

　なお、労働者には、労働災害を防止するために必要な事項を守るほか、事業者等が実施する防止措置に協力するよう努めなければならないことが規定されています（同法第4条）。

労働衛生管理を進める体制

　労働衛生管理を進めるにあたっては、その事業場の責任者の地位にある**総括安全衛生管理者**を頂点として、**衛生管理者**、**有機溶剤作業主任者**等がそれぞれの職務上の責任分担のもとに、緊密な連携をとり、労働衛生管理の基本である**作業環境管理**、**作業管理**、**健康管理**の3管理を実施することが必要です。この場合、特に健康管理に関し、医学的専門的事項を担当するスタッフとして**産業医**の関与がぜひとも必要となります。

対策を検討する衛生委員会

　具体的には、製品の仕上げ塗装工程を例に挙げると、労働衛生管理として以下の内容に取り組みます。塗装工程で使用されている塗料中に含まれている有機溶剤の種類とその人体に対する有害性の程度、作業方法の適否（例えば、塗装作業者の呼吸位置が局所排気装置のフード内であれば有機溶剤蒸気の吸入を避けることができなくなる）、作業環境中への有機溶剤蒸気の発散状況、労働者の健康状態等をチェックし、問題があれば、直ちに改善し、快適な職場環境を確保します。

　これらの問題がどこにあるかを明らかにし、対策を検討する場が**衛生委員会**です。この委員会は、直接現場に配置されている者や、衛生管理に精通した者を委員としていて、現場の実態に即した対策が講じられるように特に配慮されています。

　以上のような労働衛生管理体制のもとに、3管理（作業環境管理、作業管理、健康管理）が進められ、労働者の健康を確保するとともに快適な職場環境の形成を促進することになります。

1　作業環境管理

作業環境管理とは

　作業環境管理とは、作業環境中の種々の有害要因を排除し、快適な作業環境を維持することをねらいとするもので、作業環境をコントロールすることにより、労働者の有機溶剤蒸気へのばく露量を間接的に管理する方法です。管理手法としては、「有害要因となる有機溶剤蒸気が作業環境中に発散する前にもとから絶つ」という意味において、有機溶剤中毒予防対策としては最も基本となるものです。

作業環境測定

　作業環境管理の進め方としては、職場の作業環境の状態を把握するため、例えばその職場が塗装作業場所であるならば、作業環境中の有機溶剤蒸気の濃度を測定し、その結果を適切に評価し、その職場の**管理区分**を次のとおり決定します。

① 　第1管理区分…作業環境管理が適切に行われている。
② 　第2管理区分…作業環境管理になお改善の余地があると判断される。
③ 　第3管理区分…作業環境管理が適切でないと判断される。

　作業環境測定は、厚生労働大臣の登録を受けた**作業環境測定士**が行います。作業環境測定士や分析機器等を欠く場合には、厚生労働大臣または都道府県労働局長の登録を受けた作業環境測定機関に測定を委託しなければなりません。

測定結果の評価の後は

　作業環境測定結果の評価に応じて、以下のように対応します。

○ 　第1管理区分　→
　局所排気装置等の日々の点検、1年に1回、定期に行う定期自主検査を通じて、快適な作業環境を維持します。

○　第２管理区分または第３管理区分　→

局所排気装置等の設備、作業工程、作業方法等を点検し、作業環境を改善するための措置を講ずる必要があります。

作業環境の改善

作業環境を改善する方法としては、例えば、局所排気装置等の性能の強化、生産設備の自動化等が考えられます。作業環境が改善されるまでの間は、有効な呼吸用保護具を使用するなど労働者の健康の保持を図るための措置を講ずる必要があります。

また、建屋の内装塗装またはタンク内の防錆塗装のように発散源が広く、局所排気装置等を設けることができない場合には、室内またはタンク内の全体を換気しながら、呼吸用保護具を着用して作業を行う必要があります。

2　作業管理

作業管理とは

　有機溶剤が労働者に及ばす影響は、個々の労働者の作業内容によって異なりますし、同じ内容の作業でも作業のやり方によって異なります。また、作業環境そのものも作業のやり方によって大きな影響を受けます。このように、労働者が作業そのものによって健康に影響を受け、有機溶剤中毒等にかからないように、作業を適切に管理し、労働者への影響と環境の悪化を極力少なくするのが「作業管理」であり、「作業環境管理」、「健康管理」と一体をなすべきものです。

作業管理の例

　例えば、局所排気装置を設置している場所での吹付け塗装作業は、通常、次の作業手順になります。
　(1)　塗料の粘度調整等作業
　(2)　スプレーガン注入作業
　(3)　吹付け作業
　(4)　乾燥作業
このような現場では、しばしば次のような作業管理上の問題点が見られます。
　①　塗料の粘度調整（一般的には希釈作業）の際、希釈剤であるシンナーの容器のふたを開けたまま作業場所に放置し、有機溶剤蒸気を周囲に発散させてしまう。
　②　スプレーガンを塗装ブースの反対に向けて吹付け塗装を行い、塗料ミストを労働者が吸い込んでしまう。
　③　塗装済みの製品を局所排気装置から離れている場所で乾燥させ、有機溶剤蒸気を周囲に発散させてしまう。
　④　乾燥状態を確認するため、労働者が塗料のにおいを嗅いで、その蒸気を吸い込んでしまう。
　①および③の場合には、作業場内へ有機溶剤蒸気を無駄に発散させないため、シンナーを使い終わったら容器のふたを閉め、製品を塗装した後は局所排気装置の近くで乾燥させるようにします。また、②および④の場合は、局所排気装置が設置されてい

てもその有効性が損なわれ、労働者が有機溶剤蒸気にばく露してしまいます。そのため、常にスプレーガンを塗装ブースに向けて塗装を行い、塗装後の製品は、十分な乾燥時間をとり、においを嗅がないようにします。

呼吸用保護具

　必要な場合には呼吸用保護具を着用することにより、有機溶剤蒸気のばく露を最小限にとどめることができます。しかし、有機溶剤作業で使用する呼吸用保護具は、防毒マスクにしろ、送気マスクにしろ、その種類ごとの使用方法を誤ると生命を絶たれる場合もあるので、十分注意する必要があります。例えば、狭あいなタンク内で防水塗装をする場合には、換気が不十分なこともあって、タンク内の有機溶剤蒸気が高濃度になることがあり、防毒マスクの吸収缶の除毒能力がなくなって中毒にかかった例が数多く報告されています。

作業者の位置や向きによっては高濃度ばく露を受ける

有機ガス用防毒マスクの使用

有機溶剤業務を行う多くの作業では、防毒マスクが使われています。防毒マスクを使用する際には以下の点に注意してください。

① 厚生労働大臣が定める規格を具備していること（国家検定合格品であること）

② 日常の管理を適正に行い、吸収缶の除毒能力が十分であること

③ 防毒マスクは、隔離式、直結式、直結式小型の3つに分類され、吸収缶の使用範囲が定められていること

　　ア　隔離式：有機ガス濃度2％以下、酸素濃度18％以上

　　イ　直結式：有機ガス濃度1％以下、酸素濃度18％以上

　　ウ　直結式小型：有機ガス濃度0.1％以下、酸素濃度18％以上

酸素濃度が18％未満か、有機溶剤蒸気濃度が2％を超える場合には、給気式呼吸用保護具を使用しなければなりません。

3　健康管理

健康管理とは

　健康管理は、人の面を重視した管理ともいえるもので、有機溶剤業務にかかる特殊健康診断の定期的実施とその結果に基づく事後措置、さらに、一般健康診断の実施、それに基づく事後措置はもとより、日常の生活指導や就業上の配慮まで含めた生活全般にわたる幅広い内容を含むものであり、作業環境管理や作業管理とも密接な関係を保ちつつ進めなければならないものです。

　有機溶剤による中毒は、作業環境管理、作業管理を適切に行えば、おおむね防ぐことができるはずですが、人によっては、長年にわたり有機溶剤を体内に吸収してきたために発症したり、特に有機溶剤に敏感な人もいるため健康診断を行う必要があります。また、作業環境管理が十分行われていても、誤った作業姿勢、作業位置などで作業を行っている労働者は高濃度の有機溶剤蒸気を吸入することになります。また、作業管理を適切に実施したとしても、換気設備等の保守をおろそかにすれば、やはり有機溶剤蒸気のばく露の危険性が生じます。

健康診断による健康状況のチェック

　以上のようなことから、健康管理では、定期的に健康診断を実施し、個々の労働者の健康状況をチェックし、異常が発見された者に対しては、適切な治療はもとより、有機溶剤業務以外の業務への配置替えを含めた事後措置を実施します。さらに、当該作業場の作業環境測定の実施、その結果評価による作業環境の状況を把握し、問題があれば直ちに改善をする必要が生じてきます。

　このように、作業環境管理、作業管理、健康管理は、先に述べた労働衛生管理体制のもとに、一体として実施されなくてはなりません。

理解度をチェックしよう

本章のポイント

● 労働安全衛生法には、事業者に、労働者の安全と健康を確保する義務が定められているが、労働者も労働災害防止のために定められた職場のルールを守り、事業者が実施する防止措置に協力するよう努めなければならないとされている。

● 労働衛生管理を進めるには、総括安全衛生管理者を頂点として、衛生管理者、有機溶剤作業主任者、産業医などが職務上の責任分担のもと連携をとる必要がある。問題点を協議する場として衛生委員会がある。

● 労働衛生管理の基本は、作業環境管理、作業管理、健康管理であり、この3つが一体となって進められる。

● 作業環境管理は、作業環境中に有機溶剤蒸気が発散しないようにし、また良好な状態を維持することをねらいとしたもので、有機溶剤中毒予防の基本である。

● 作業環境測定の結果を評価して、第2管理区分、第3管理区分であった場合には、作業環境を改善しなくてはならない。

● 正しい作業のやり方をしないと、有機溶剤蒸気にばく露してしまうことになる。作業方法を適切に管理することを作業管理という。

● 有機溶剤を体内に吸収して影響を受けていないか、健康管理として有機溶剤業務の特殊健康診断で定期的にチェックする必要がある。

第2章

健康管理および
応急措置

★学習のねらい★

　この章では、有機溶剤の性質と、有機溶剤の誤った取扱いなどにより生じる疾病について学びます。また、有機溶剤を取り扱う作業者は健康診断を受けて定期的にからだのチェックを受けることが必要です。

　現場では思わぬ事故から、作業者が有機溶剤の急性中毒となることがありえます。いざというときのために応急処置を実践できるよう備えましょう。

1　有機溶剤による健康障害

有機溶剤の性質

　有機溶剤は、塗装や接着、洗浄、印刷など用途が広く、多くの職場で使われています。それだけに、不適切な使用による災害が多く発生しています。

　有機溶剤は、一般に揮発性が高く、常温でも蒸気となる性質があります。蒸気は空気より重いため、風通しの悪い場所で扱うと、高濃度で低いところに滞留しやすい性質があります。また、蒸気を吸うと体内に吸収されやすく、油脂に溶ける性質があることから皮膚からも吸収される有機溶剤もあります。

　さらに、引火性があるものも多く、安全面では爆発、火災に対する注意も必要です。

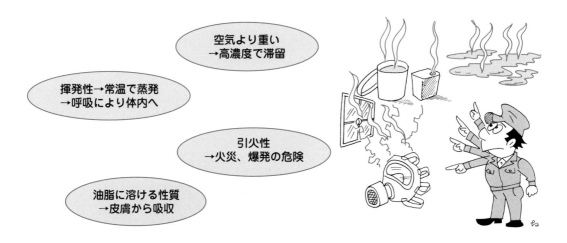

有機溶剤による健康障害

　有機溶剤業務による健康障害は、対象となる有機溶剤が有している有害性と吸入や接触等により体内に取り込んだ量（ばく露量）によって健康障害の度合いが異なってきます。有機溶剤による健康障害は大きく分けて「急性中毒」と「慢性中毒」に分けることができます。

（a）有機溶剤による急性中毒

　一時的に高濃度で大量の有機溶剤を吸入したときに発生しやすい。多くの有機溶剤は血液とともに体内を循環し、中枢神経系に作用します（麻酔作用）。重症では酒類

を限界を超えて大量に飲んで酔っ払ったときのような酩酊状態となり、さらに悪心、嘔吐、酩酊歩行等を示すようになります。より重症になると意識障害が出現します。

　急性中毒の恐ろしいところは、意識を失って倒れ、そのまま高濃度状況下で有機溶剤蒸気を吸入し続けると昏睡状態、さらに呼吸困難から死亡に至る危険性があることです。

　また、ふらつきなどによる高所作業場所からの転落、意識酩酊状態により誤った行動から生じる他の作業者をも巻き込む事故、救助に向かった人も急性中毒にかかるなどが挙げられ、二次災害の発生に警戒する必要があります。

（b）有機溶剤による慢性中毒

　有機溶剤を頻繁に使用し、ある一定レベル以上を中・長期的にばく露することにより生じる状態をいいます。有機溶剤業務による頭痛、めまい、倦怠感、手指の荒れ、皮膚炎などの症状が現れます。このような状況を継続することによりさらに健康障害が進展し、取り扱う有機溶剤の固有の有害性により特定の器官（標的臓器）が障害されます。その障害は場合により、神経障害、肝機能障害、腎機能障害、造血障害といったような疾病につながっていく可能性があります。

神経への障害

　すべての有機溶剤で神経障害を引き起こすと考えてよく、神経障害には、中枢神経系、末梢神経系、自律神経系の障害があります。有機溶剤健康診断では、自覚症状、他覚所見により神経障害の有無を診ることになりますが、医師が必要と認める場合には神経学的検査を実施します。

　中枢神経障害は、頭痛、めまい、記銘力低下、視力低下、手指の震え、失調症状（歩行障害、物がつかめないなど）、精神神経症状（不安、短気、焦燥感、不眠など）などを訴えます。例えば、トルエン、キシレン、二硫化炭素は中枢神経障害を生じやすく、メタノール、酢酸メチルは視神経障害を引き起こします。1－ブタノールは聴覚障害を起こす可能性があります。

　末梢神経障害では、手足のしびれ・痛み、筋肉の萎縮、筋力の低下などを訴えます。例えば、ノルマルヘキサンは多発性神経炎（筋力低下、感覚鈍ま、しびれなど）を引き起こします。

　自律神経障害では、冷え性、便秘、悪心、食欲不振、下肢の倦怠感などを訴えます。

肝臓への障害

　肝臓には、体内に入った有害物を解毒（けどく）するという大切な役目があります。急性中毒や中・長期にわたる一定濃度以上のばく露によって肝臓に障害が起ると、黄疸（おうだん）がでたり、発熱、だるい、疲れやすい、食欲がなくなるなど元気がなくなります。オルト－ジクロルベンゼン、クレゾール、N,N－ジメチルホルムアミドなどは有機溶剤健康診断で肝機能検査（GOT（AST）、GPT（ALT）、γ-GTP（γ-GT））が必須項目となっています。

腎臓への障害

　健康診断で尿中蛋白が陽性になり、血尿が出たりします。また、からだがむくむことがあります。1,2－ジクロルエチレンやクロルベンゼン、オルト－ジクロルベンゼンなどの塩素系有機溶剤に腎臓への障害を引き起こす可能性が高い物質が多くあります。

造血器への障害

　グリコールエーテル類（セロソルブ類）、トルエン、キシレンは貧血を引き起こします。貧血により、疲れやすくなり、息切れがするなどの症状を訴えます。エチレングリコールモノエチルエーテルなどセロソルブ類の有機溶剤健康診断では、貧血検査（ヘモグロビン、赤血球数）が必須項目になっています。

皮膚への障害、皮膚からの吸収

　ほとんどすべての有機溶剤で皮膚障害を起こします。有機溶剤が付着等した部位で皮膚の痛み、紅斑（こうはん）、水疱（すいほう）などが見られます。脂溶性があることから、ひび割れが起きることもあります。また、一部の有機溶剤では、皮膚からも吸収され、体内に取り込まれる物質があります。直接触れる、作業環境中の蒸気に接触していることで皮膚から吸収されます。トルエン、N,N－ジメチルホルムアミド、エチレングリコールモノエチルエーテルなどセロソルブ類などが該当します。

2　健康管理

有機溶剤による健康障害防止のために

　有機溶剤業務から作業者の健康を守るには、事業場等が行うばく露防止措置を、作業者自身がそのルールを守り作業を行うことが重要になります。具体的には局所排気装置の前で適切な作業を行う、ぼろ等を入れる容器は使用のつど必ずふたをする、保護具（保護手袋、防毒マスク等）の使用が必要とされた作業については正しく着けて作業を行うなどが挙げられます。

　また、新たな有機溶剤業務に従事する場合、新たな有機溶剤製品を使用する場合などは、SDS（安全データシート）で作業者自身が取り扱う有機溶剤品の危険性、有害性を知って、適正に使用するようにします。

　事業場等は法令により有機溶剤業務に従事する作業者について、6カ月以内に1回、定期に有機溶剤健康診断を実施することが義務づけられています。あわせて作業者にも受診義務があります。作業条件の簡易な調査や問診事項等は有機溶剤のばく露の状況を反映する重要な検査項目なので、作業をしているときに感じたことなどを素直に記入します。

　実施した健康診断の結果は作業者本人に通知されます。「所見あり」と判断された場合は、作業者が有機溶剤に相応のばく露していることが想定されるため、事業場等は作業者の健康障害防止のため、ばく露低減のための対策を考えることになりますし、作業者自身が不安を感じる場合などは、衛生管理者や産業医に相談することも重要になります。

3　安全衛生対策

法律に定める事業者の責任

　事業場等において、作業による様々な要因から、作業者がけがをしたり病気になったりすることがあります。これを労働災害と言いますが、日本において労働災害発生の第一の責任者は事業者にあります。事業者は労働安全衛生法という法律により労働災害を発生させないよう、作業環境や作業を管理することによって様々な防止措置が課せられています。労働安全衛生法は作業者の安全と健康を守るために、事業者に課せられた法律とも言えます。あわせて、この法律の中で、事業者が推進する労働災害を防止する措置について、作業者自身が協力するよう求めています。有機溶剤では「有機溶剤中毒予防規則」という規則により、有機溶剤業務に携わる作業者の健康障害防止のための規制が具体的に示されています。作業者の皆さんは少なくともこのような法律や規則があることを知り、事業者等が行う健康障害防止措置に協力していただきたいと思います。

自分自身も健康を守る心構を

　「作業者の健康障害を防止するのは事業者等の責任」と言いましたが、有機溶剤業務でいえば、有機溶剤業務に携わっているのは作業者自身、健康障害を引き起こすのも作業者自身です。このことから、作業者自身が「自分の健康と生命は自分で守る」という心構えを持っていただきたいと思います。例えば、事業場等で局所排気装置の設置や保護手袋が用意されているのに、作業者自身が適切に使用しなかったために、想定以上のばく露をしてしまう事例が見受けられます。これを繰り返すことによって健康障害を引き起こす可能性も出てきます。

　このようなことからも、作業標準に沿った適切な作業を行う、SDS等で自身の取り扱う有機溶剤製品の危険性、有害性を知って適正な使用をする、現状の設備では相当量のばく露の可能性があるので管理者に相談するなど、作業者自身も有機溶剤に最低限のばく露に留まるようにして、自身の健康と生命を守るようにしたいものです。

4　職場での応急措置

　有機溶剤業務の作業場で、思わぬ事故等が発生した場合、被災した作業者の生命を守るために、現場関係者はどのようなことをしなければならないか、すなわち「救急蘇生法」を知っておく必要があります。作業者等が被災した場合、私たちが行う救急蘇生法は、一次救命処置とファーストエイドに大別されます。

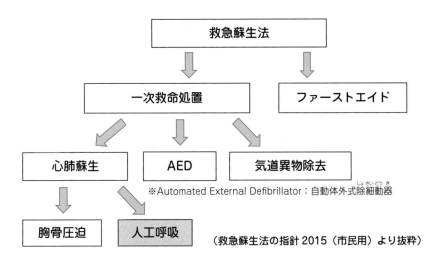

（救急蘇生法の指針 2015（市民用）より抜粋）

一次救命処置

　職場の同僚が有機溶剤の中毒事故で気を失って倒れていたとします。こんなとき、慌てて無防備に救助に行っては危険です。救助者も有機溶剤の蒸気を吸って倒れる（二次災害）恐れがあります。ポータブルファンなどを使用して換気するのと併行して周囲に人がいる場合は協力を求め、人がいない場合は大声で応援を呼ぶなどします。そうしたところで給気式呼吸用保護具を装着して救助に入ります。防毒マスクを使用する場合は、酸素濃度が 18%以上あることを必ず確認します。

　引火性、爆発性のある有機溶剤または引火性、爆発性の有無が不明の有機溶剤の取扱い等で、暗い場所等での救助は必ず防爆構造の懐中電灯を用い、防爆構造でない懐中電灯を使用する場合は、現場に入る前にスイッチを入れ、ビニール袋で封入した状態にし、現場ではスイッチを操作しないようにします。

　救助ができる状態になったところで、救助に入り、被災者を清浄な空気の場所に移動させて次のページのフローのとおり一次救命処置を行います。

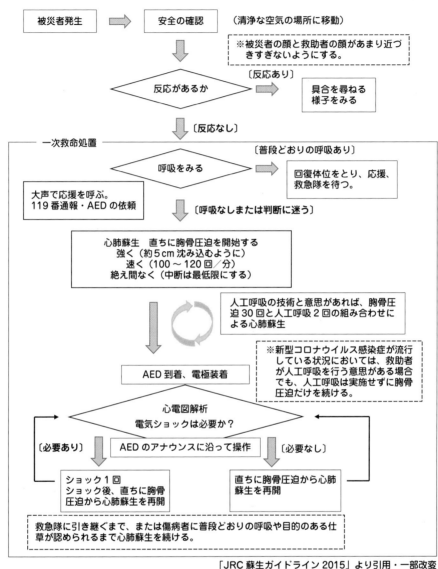

「JRC 蘇生ガイドライン 2015」より引用・一部改変

一次救命処置の流れ

傷病者の下になる腕を伸ばし、上に
なる腕を曲げその手の甲に傷病者の
顔を乗せる。傷病者の上になる膝を
約 90 度に曲げる。

回復体位

人工呼吸の技術と意思があれば、「胸骨圧迫30回と口対口人工呼吸2回の組み合わせ」で心肺蘇生を行います。その際はまず、頭部後屈・あご先挙上法で気道を確保します。なお、感染症の感染リスクなどもありますので、実施をためらうときは胸部圧迫のみでよいとされています。

　さらに、**新型コロナウイルス感染症が流行している状況においては、人工呼吸は実施せずに胸骨圧迫だけを続けます**。胸骨圧迫のみの場合を含め、心肺蘇生はエアロゾル（ウイルスなどを含む微粒子が浮遊した空気）を発生させる可能性があるため、被災者に対し感染の疑いがあるものとして対応します。

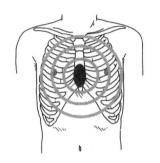

胸骨圧迫を行う位置

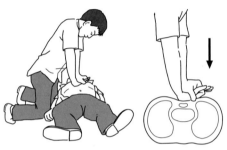

胸骨圧迫の方法

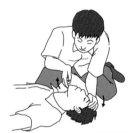

まず仰向けに寝かせた傷病者の顔を横から見る位置に座り、片手で傷病者の額を押さえながら、もう一方の手の指先を傷病者のあごの先端（骨のある硬い部分）にあてて持ち上げる。

頭部後屈・あご先挙上法による気道確保

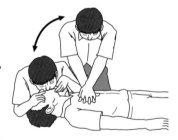

人工呼吸と胸骨圧迫

気道を確保した状態で、傷病者の口の周りを覆うように救助者の口をかぶせ、傷病者の鼻をつまんで息が漏れないようにして約1秒かけて息を吹き込む。1回目に胸の上がりが確認できなかった場合は、気道確保をやり直して2回目を試みる。2回目実施後は成功の可否にかかわらず胸骨圧迫を再開する。

口対口人工呼吸

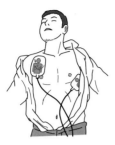

電極パッドには貼付け位置が
図示されている

AED の電極パッドの貼付け

ショックボタンを押す

【引用・参考文献】
日本救急医療財団心肺蘇生法委員会監修『改訂 5 版救急蘇生法の指針 2015（市民用）』、『改訂 5 版救急蘇生法の指針 2015（市民用・解説編）』へるす出版、2016 年

　一次救命処置の心肺蘇生と AED の使用に係る流れを 24 ページに示しましたが、具体的手技については、『有機溶剤作業主任者テキスト』（中央労働災害防止協会）「応急措置」、または厚生労働省ホームページ「救急医療」（https://www.mhlw.go.jp/stf/seisakunitsuite/bunya/0000123022.html）を参照してください。あわせて、一次救命処置の気道異物除去においては、同様に『有機溶剤作業主任者テキスト』、「救急医療」を参照してください。

ファーストエイド

　急な病気やけがをした者を助けるために行う一次救命処置以外の最初の行動をファーストエイドといいます。苦痛を和らげ、それ以上の悪化を防ぐことが期待できます。以下に、想定される状況ごとのファーストエイドの例を示します。
① 　ショック
　顔面蒼白で手足は冷たく、意識がぼんやりしているとショック状態です。出血などの明らかな原因がある場合はその処置を行います。脳内血流量を維持することが一般的なショック対策であることから、下肢を挙上する体勢に寝かせ、毛布などで体温を維持するようにします。
② 　皮膚に触れた場合
　作業衣等に有機溶剤が付着していれば脱がせ、皮膚の化学物質を布などで拭き取り、大量の水、せっけんまたは皮膚用の洗剤で洗い流します。

③ 眼に入った場合

　一刻も早く水で洗眼します。洗眼時はまぶたをよく開き、隅々まで水が行き渡るようにし、可能な限り長時間（15分以上）洗眼します。

　コンタクトレンズは固着していなければ外します。なお、有機溶剤業務ではコンタクトレンズを使用しないことが好ましいです。

④ 吸入した場合

　安静、保温を保ちます。吐き気、嘔吐がある場合には、頭を横向きにして、吐物を嚥下<ruby>（えんげ）</ruby>させないようにします。

⑤ 飲み込んだ場合

　有機溶剤を飲み込んだ場合、すぐに医療機関へ搬送し、医師の処置を受けます。誤嚥<ruby>（ごえん）</ruby>を防ぐため回復体位をとらせ、かつ腸への流出を防ぐ理由から左側が下を向いた状態にします。揮発性の有機溶剤は嘔吐によって胃の内容物を排出すると、誤嚥による肺炎を引き起こす可能性があるので無理に吐かないようにします。

⑥ 皮膚に付着した場合、眼に入った場合等いずれの場合でも、重篤な障害が発生することを想定し、医療機関で専門的な観察・治療を受けることが必要と考えます。被災者および労働衛生管理責任者等は、SDS等の診断・治療に役立つ資料を医療機関に持参し、医師にばく露物質、ばく露状況および応急処置時の被災者の状況などを詳細に報告します。

※打撲、骨折等の外傷に関するファーストエイドは省略します。

　応急処置はいつどのようなタイミングで必要になるかは誰にもわかりません。「いざ！」というときに直ちに行動ができるよう事業場等で開催する救急救命訓練に参加する、職場内で『有機溶剤作業主任者テキスト』などを活用し、救急蘇生法等に関する知識を習得する学習会を行うなど万が一の際に対応できるようにしておくことが望まれます。さらに、119番通報した場合に、SDSを救急救命士にすぐに渡すことができれば、SDSに沿った応急処置が可能になり、処置に対して適切な医療機関への対応もできることから、誰もがすぐにSDSを取り出せるよう備え付けておくことも重要です。

理解度をチェックしよう

本章のポイント

● 有機溶剤は、揮発性が高く、常温で蒸気になりやすいため、蒸気を吸って体内に吸収しやすい。また、油脂に溶ける性質があり皮膚からも吸収される。

● 有機溶剤は、引火性のあるものも多く、火災の危険性があるので注意が必要である。

● 有機溶剤中毒には、急性中毒と慢性中毒がある。高濃度の蒸気を吸入して、急性中毒になると意識を失い、救助が遅れると倒れたまま有機溶剤を吸い続けて死亡する危険性がある。

● 慢性中毒は、低濃度の有機溶剤を長期間吸入したり、皮膚から吸収することによって生じ、物質の特性により、肝臓、腎臓といった特定の臓器に障害を及ぼす。

● 慢性中毒の予防のためには、6カ月以内ごとに1回、定期的な健康診断でのチェックが必要である。

● 職場の同僚が、急性の有機溶剤中毒事故で倒れた場合に備え、応急処置の方法を身に付ける。

● 救助の際は二次災害の危険があるため、適切な呼吸用保護具等を装着して救助に入る。

第3章

作業管理と
作業環境管理

★学習のねらい★

　この章では、有機溶剤をからだに入れないようにするために、有機溶剤の発散を抑えるための方法や、正しい作業のやり方について学びます。発散を防ぐための設備の点検・補修や作業方法については、作業場ごとに選任される「有機溶剤作業主任者」の指示に従います。

　また、有機溶剤の正しい貯蔵方法や空容器の処理の仕方を学びます。

1　作業と環境の管理

（1）有機溶剤をからだに入れないために

　有機溶剤によって起こる健康障害を防ぐには、**有機溶剤をからだに入れない**ことが大切です。これまで勉強したように、みなさんが仕事で使っている有機溶剤のほとんどのものは、呼吸器と皮膚を通って人のからだに入ってきます。それを防ぐには、まず第1に有機溶剤を発散させないこと、第2に発散した有機溶剤蒸気を作業場の空気の中にためないこと、第3に有機溶剤蒸気を吸ったり、有機溶剤を直接皮膚に触れたりしないことが大切です。

　有機溶剤による健康障害を防止するために、事業者は、健康管理をはじめいろいろな対策を講じなければならないと法令に定められていますが、これらの対策を本当に効果的に進めるためには、有機溶剤を扱う作業者一人ひとりがその重要性を認識して、自らも積極的に取り組むことが必要です。

（2）有機溶剤の蒸発を抑える

　有機溶剤は一般にたいへん蒸発しやすいものですが、発散を抑えるための最も基本的な方法として、**有機溶剤を使う機械・設備を密閉する**という方法があります。塗料や接着剤を製造する設備、シンナーを調合するタンク、ドライクリーニングの機械などは容易に密閉構造にできます。また、シンナーや塗料が入っている容器に、ぴったりしたふたをすることによって、発散を抑えることができます。しかし、一般には、

原料や材料を仕込んだり、製品を取り出したりする作業があるため、いつでも完全に密閉することは難しいようです。そのような場合でも、機械・設備を囲って局所排気とよばれる方法で中の汚れた空気を吸い出して、有機溶剤の蒸気が作業場に漏れ出さないようにすることができます。

　シンナーのしみ込んだ布きれなどは、周囲に置かずに、ふたつきの容器を用意してその中に入れ、きちんとふたをすることによって蒸気の発散を抑えることができます。また、シンナーや塗料をこぼさないことも有機溶剤の蒸発を防ぐために大切です。

（3）発散した有機溶剤の蒸気を取り除く

　発散した有機溶剤の蒸気が作業場の空気中に広がる前に取り除く方法の代表的なものに、局所排気とプッシュプル換気があります。

（a）局所排気装置

　局所排気というのは、有機溶剤が発散する場所に**フード**とよばれる空気の吸い込み口を取り付けてファンで空気を吸引し、その空気の流れといっしょに有機溶剤の蒸気をフードに吸い込み、**ダクト**とよばれる管を通して**排気口**から屋外に出す方法です。そのために使われるフード、ダクト、ファンなどをつないだ装置全体を**局所排気装置**とよびます。有機溶剤の量があまりに多くて、そのまま排気すると公害問題を起こす心配がある場合には、ダクトとファンの間に有機溶剤を取り除く装置（**空気清浄装置**）を取り付け、有機溶剤の蒸気を除いてからきれいになった空気を屋外に排出します。

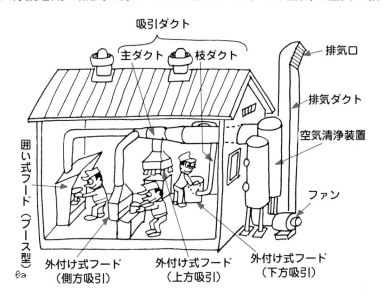

　局所排気装置のフードには、**囲い式**といって有機溶剤の発散源をすっぽりと囲んでしまう形のものと、**外付け式**といって発散源のそばに置くラッパのような形のものがあります。

　局所排気装置を使用するときには、次の点に注意してください。使い方が悪いと、せっかく取り付けてある局所排気装置が効果を発揮できません。

〈局所排気装置を使用する際の注意点〉

①　囲い式フードは、開口部があまり大きくなると空気の吸い込みが弱くなって、有機溶剤の蒸気がフードの外に漏れてしまいます。仕事がしにくいからといってやたらに開口部を広げるような改造をしてはいけません。

②　囲い式フードは、一般に、囲いの外にある有機溶剤の蒸気まで吸い取るようにはできていないので、発散源を外に置いて仕事をしてはいけません。

③　外付け式フードの吸引力は開口部から離れると急速に弱くなるので、できるだけフードの開口部に近いところで作業をします。

④　窓から入ってくる風や冷風機、扇風機の風のためにフードに吸引される気流が乱されて、局所排気の効果がなくなることがあります。これらの風が直接フードに当たるなど、周囲の気流を乱さないように注意します。

⑤　局所排気を効果的に行うには排気と同じ量の新しい空気を外から入れる必要があります。そのための給気口をふさいではいけません。

⑥　冬など、フードに吸引される気流で寒さを感じるときでも、局所排気装置を止めてはいけません。

（b）プッシュプル型換気装置

　プッシュプル型換気装置とは、発散源をはさんで向き合うように**吹出し用**（プッシュフード）と**吸込み用**（プルフード）の２つのフードを設け、２つのフードの間を一様な気流をつくることにより渦の発生や乱れ気流の影響を抑制し、作業者が有害物にばく露されないよう汚染空気を効果的に排気する装置です。プッシュプル型換気装置は局所排気装置と同等の設備として認められています。

　プッシュプル型換気装置は大別すると以下の３タイプがあります。一様な気流の方向によりさらに細かく分類されています。

構造の区別	気流による区別
・密閉式（送風機あり）	・下流型（天井→床）
・密閉式（送風機なし）	・斜降流型（側壁上部→側壁など）
・開放式	・水平流型（側壁→反対側の側壁）

　大物の塗装作業や小物を多数並べて連続して塗装する作業等、有機溶剤蒸気の発散面が大きい場合、発散源が移動する場合、作業の都合上局所排気装置のフードを発散源近くに設置できない場合等にもプッシュプル型換気装置は効果があります。

　せっかく局所排気やプッシュプル換気をしても、作業者がフードに吸引される汚れた空気の中に入ってしまったのでは、自分の仕事で発散させた有機溶剤の蒸気を自分で吸入することになります。有機溶剤を使うのに、囲い式フードの中に入ってしまったり、吸込み側フードと発散源の間に入って作業してはいけません。

　局所排気装置やプッシュプル型換気装置の性能は法令等で定められていますが、その性能を保つためには日ごろから点検と手入れを行うことが大切です。

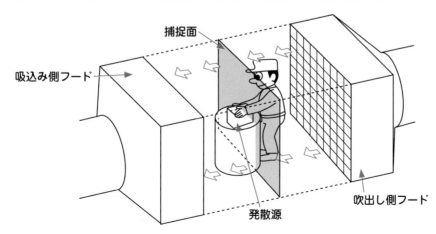

捕捉面
吸込み側フード
吹出し側フード
発散源

（4）発散した有機溶剤の蒸気を薄める

　タンク内作業や建築現場での塗装作業のように、局所排気やプッシュプル換気を行うことが難しい場合には、作業場の汚れた空気を外のきれいな空気と入れ替える、いわゆる**全体換気**という方法で、発生した有機溶剤の蒸気を有害でない程度の濃度に薄める必要があります。

　風のある日に窓を全部開けて作業すれば、有機溶剤で汚れた室内の空気は風上の窓から吹き込む屋外のきれいな空気でかき混ぜられ、薄められながら、少しずつ風下の窓から出て行くでしょう。これは、全体換気の最も簡単な方法で**自然換気**とよばれます。自然換気も、天候や気象の条件がよければかなりの効果を期待できますが、天候が悪くて窓を開けられなかったり、窓を開けても風のない日には効果は期待できないので、有機溶剤を使う作業場では自然換気だけに頼ってはいけません。

　風のかわりに換気扇や電動ベンチレーターのような機械の力を利用すれば、全体換気をいつでも効果的に行うことができます。この方法は**機械換気**とよばれます。有機溶剤作業場で全体換気といわれるのは、換気扇や電動ベンチレーターのような全体換気装置を使った機械換気のことです。

蒸発した有機溶剤の平均濃度を有害でない程度に薄めるのに必要な全体換気装置の性能は法令で定められています。しかし、下記の図を見て分かるように、平均濃度は下がっても、有機溶剤を取り扱う作業者のいる場所の濃度が平均より高かったり、自分より風上に他の発散源があると高濃度の有機溶剤蒸気にさらされる危険が残ることが全体換気の欠点です。そのために、有機溶剤作業の種類によっては、全体換気を行っても、さらに有効な呼吸用保護具を使用する必要があります。

　換気扇のすぐ近くの窓が開いていると、そこから入ったきれいな外気が、作業場の奥まで届かずに直接換気扇に吸われて出ていってしまい、全体換気の役目を果たさないことがあります。全体換気を効果的に行うには、気流が作業場全体にいきわたるように全体換気装置と窓の配置を工夫することが大切です。また、タンク内作業や船舶内部での作業等の全体換気には、ファンに折り畳み式の風管を取り付けたいわゆるポータブルファンが一般に使われますが、その場合にも風管の先をできるだけ奥まで伸ばして気流が全体にいきわたるようにすることが大切です。

電動ベンチレーター

換気扇

風下側に立つと高濃度の有機溶剤蒸気に
さらされる危険がある

（5）作業方法で注意すること

　有機溶剤の蒸気を吸わないためには、作業場の空気中に有機溶剤の蒸気を発散させないこと、有機溶剤の蒸気が発散している場所に入らないこと、また、仕事の性質上どうしても有機溶剤の蒸気が発散している場所に入らなければならないときには、第4章で勉強する防毒マスクのような有機溶剤に対して有効な呼吸用保護具を使い、**できるだけ短時間で仕事を済ませる**ことが大切です。

　有機溶剤の蒸気を発散させないためには、先ほど勉強した作業環境管理とともに、作業者の一人ひとりが次のようなことに注意して仕事をすることが大切です。

① 　有機溶剤を必要以上に大量に使わない。
② 　塗料や接着剤はできれば水性のものに切り替える。
③ 　シンナーや塗料はこぼさない。
④ 　有機溶剤の入っている容器はきちんとふたをする。
⑤ 　有機溶剤のしみ込んだ布きれ等は、周囲に置かず、ふたのできる不燃性の容器に入れる。

　有機溶剤蒸気が発散しているところに入らないで済むようにするためには、例えば、吹付け塗装に塗装ロボットを使う、塗料、接着剤、シンナー等の容器詰めに自動充填機を使う等の方法があります。また、有機溶剤を扱うときには、**必ず風上側となる位置で仕事をする**ようにしましょう。

有機溶剤の蒸気は、空気に比べてはるかに重く、通風のよくないところでは**床に近い低いところに高濃度でたまる性質があり**、仕事中に落としたスパナを拾おうとして床のピットに入った作業者が急性中毒にかかった例があります。通風のよくないところで不用意にしゃがんだり、低いところに入ることはたいへん危険です。作業場の換気には常に注意するようにしましょう。

　この章の最初で触れたように、有機溶剤は皮膚を通してもからだに入ってきます。有機溶剤が皮膚からからだに入ることを防ぐためには、**有機溶剤を直接からだに触れさせない**ことも大切です。

　機械の汚れを洗ったり、油を落とすために有機溶剤を使うときには、有機溶剤を通さない（透過しない）、有機溶剤に溶けない素材でできた保護手袋を使い、素手で溶剤に触れないようにしましょう。塗料や油のついた手をシンナーやガソリンで洗うことは危険です。

2　有機溶剤作業場の管理

（1）作業主任者の指示を守って正しい仕事を

　みなさんの職場には、有機溶剤がからだに入らないよう作業のやり方を定め、それが守られるようにみなさんを指揮したり、局所排気装置等や全体換気装置を点検したり、防毒マスクの使用状況を監視する役目の「**有機溶剤作業主任者**」※をおくことが法令で定められています。有機溶剤による健康障害を防ぎ、いつも健康に働けるよう、作業主任者の指示を守って正しい作業のやり方を身に付けましょう。

　　※特定化学物質障害予防規則で規制される特別有機溶剤については、「特定化学物質作業主任者（特別有機溶剤等関係）」（75 ページ参照）。

（2）設備などの点検と手入れのしかた

　有機溶剤の発散源を密閉する設備、局所排気装置、プッシュプル型換気装置、全体換気装置などは、ただ設置するだけではなんの役にもたちません。有機溶剤作業が行われている間、これらの設備を有効に働かせなければなりません。そのためには、**定期的に設備の点検**を行って、常に有効に働くようになっているかどうかを確認し、必要な手入れをすることが大切です。

① 密閉設備の点検と手入れ

有機溶剤の発散源を密閉する設備は、その密閉部分から有機溶剤が漏れていないかを点検する必要があります。密閉設備の扉が開きっぱなしになっていないか、原材料の仕込み口、製品の取り出し口やマンホールのふたはきちんと閉められているか、カバーにすき間はできていないか、継手や継目部分にすき間ができていないか、パッキングは外れていないかなど、常に気を配って有機溶剤の蒸気が漏れ出さないようにします。小さなすき間は応急的にはガムテープをはってもふさぐことができます。自分の手に負えないものは、直ちに上司か設備担当者に連絡して直してもらいましょう。

② 局所排気装置およびプッシュプル型換気装置の点検と手入れ

局所排気装置およびプッシュプル型換気装置については、1カ月以内ごとに1回、作業主任者が点検することが法令で定められていますが、作業者自身も、局所排気装置またはプッシュプル型換気装置のスイッチを入れたら仕事にかかる前にフードの吸い込みの状態を確認するくらいの心がまえが必要です。

プルフードの吸込みの状態を簡単に調べるには、スモークテスターを使います。有機溶剤を使う位置でスモークテスターで煙を出し、白煙がプルフードに吸い込まれる様子を見ます。白煙が全部プルフードに吸い込まれるならば、同じ位置で発散する有機溶剤の蒸気もプルフードに吸い込まれるということです。煙が完全にプルフードに吸い込まれない場合は、吸い込み状態は不良です。

吸い込み不良の原因には、次のようなことがあります。

不良の原因が自分で直せない場合には、直ちに上司か設備担当者に連絡して修理してもらいましょう。

① 囲い式フードの口の面積を制限するためのカーテン等が、開きっぱなしになっている。

② 発散源が囲い式フードの外にある。

③ 外付け式フードの口と発散源が離れすぎている。

④ プルフードと発散源の間に吸い込みのじゃまになる物が置かれている。

⑤ 窓から入ってくる風や扇風機の風でフードの気流が乱されている。

⑥ フードの口が発散源を向いていない。

⑦ フードとダクトのつなぎ目がはずれている。

⑧ ダクトに穴があいているか、つなぎ目がゆるんでいる。

⑨ ダクトに塗料のかすやほこりが詰まっている。

⑩ ファンの能力が足りない。（特例稼働許可※を受けた場合、インバーターの周波数が調整時の値より低くなっていることがあるので注意する。）

※局所排気装置の特例稼働許可
　作業環境測定結果の評価が過去3回にわたり第1管理区分が継続した作業場の局所排気装置は、確認者（所定の研修修了者）の立会で局所排気装置の制御風速を調整し、所轄労働基準監督署で特例許可を受けた場合、調整した制御風速で稼働できます。

（3）自分の扱う有機溶剤についての知識を持とう

　有機溶剤による健康障害、特に急性中毒を防ぐためには、作業者の一人ひとりが、自分が使っている有機溶剤がどんなものなのか、どんな危険有害性があるのか、もし誤って吸ってしまったらどんな症状が現われるか、万一仕事中に気分が悪くなった場合にはどうしたらよいかなどについて知識を持つことが大切です。

　そのために、有機溶剤を扱う作業場では、使われる有機溶剤の区分に応じた色分け（第1種：赤、第2種：黄、第3種：青）などの方法による表示を行い、有機溶剤の人体に及ぼす作用、取扱上の注意事項、中毒が発生したときの応急処置を、作業者が見やすいところに掲示することが法令で定められています（第5章、5管理、76～77ページ参照）。みなさんもこの掲示を毎日確認して、いざという場合に正しい処置をとれるようにしてください。

　また、仕入れた有機溶剤等の容器には、メーカー等が有機溶剤の名称や取扱い上の注意事項などをラベル表示するよう法令で定められていますので、容器のラベル表示も確認し適切に取り扱うようにしてください。

（4）作業環境の状態を知ろう

　作業環境管理を有効に進めるためには、みなさんの職場の環境の状態がどうなっているのかを知っておく必要があります。有機溶剤作業が行われている職場の有機溶剤の気中濃度は、一般的には有機溶剤の種類や使う量、そのときの天候などによって変化します。また、同じ職場でも場所により、仕事の進み具合によって、有機溶剤の濃度は高くなったり低くなったり変化しますので、1回だけの測定で職場の環境状態を判断することは難しいのですが、一定の方法で定期的に測定をくり返すことによってその職場の環境状態を正しく知ることができます。

　法令では、第1種有機溶剤と第2種有機溶剤、特別有機溶剤を扱う屋内作業場について6カ月以内ごとに1回、定期的に空気中の有機溶剤の濃度を測定することが定められています。また、正確に測定するために、有機溶剤作業場の作業環境測定は厚生労働大臣の登録を受けた作業環境測定士が「作業環境測定基準」に従って行うように定められています。みなさんの事業場に作業環境測定士がいない場合には都道府県労働局長の登録を受けた作業環境測定機関に委託しなければなりません。

　作業環境測定士は、実際の作業方法、作業者の行動範囲、機械設備の運転の状態などを調べたうえで測定のやり方を決めます。ですから測定のときにはみなさんも協力して普段と同じように作業してください。作業環境の評価は管理区分で表されます（第5章、6作業環境測定、81ページ参照）。第3管理区分は管理が不十分であると判断されるもので、速やかに第1管理区分に移行するよう改善に努めることが必要で、第2管理区分はそれほどではないけれど改善に努めることを必要とする状態です。問題点がどこにあるのか、また、今後作業環境を改善し、管理していくポイントは何かなどをつかみ、これに基づいて対策を進めるのは事業者の役目ですが、職場の実情を一番よく知っているのはみなさんです。測定の結果がでたら、みなさんもいっしょに問題のある場所あるいは作業のやり方について対策を考え実行しましょう。

　第1管理区分というのは、現状でも管理が行き届いている状態ですが、その状態を続けるためには、正しい作業のやり方を守るとともに、局所排気装置などが十分能力を発揮して、有機溶剤を発散させないように、努力を続けることが大切です。

（5）タンク内作業を安全に行うために

　タンクのように、密閉され風通しが悪く、しかも外からは中が見えないものの中に入って行う有機溶剤業務には、有機溶剤中毒に加え酸素欠乏症の危険もあり、また、万一事故が起きた場合に避難しにくいという危険性もあります。そこでタンク等の中に入って洗浄や塗装のような有機溶剤業務をする場合には、次のような手順を守って安全に作業しましょう。

まず、中に入る前に、以下のことに注意します。

① 有機溶剤等が流れ込むおそれのある配管等は全部外すか、バルブを確実に閉めて有機溶剤等が流れ込まないようにする。

② 有機溶剤や有機溶剤を含むかす（スラッジ）をできるだけ流し出す。

③ マンホールその他の開口部は全部開放する。

④ 有機溶剤等を入れてあったか、以前に入れたことがある場合には、中を水で洗うか水蒸気でスチーミングして、内壁に付いている有機溶剤等を完全に除く。その後、タンクの容積の3倍以上の量の空気をタンクに送気（またはタンクから排気）するか、タンクに水を満たした後、その水を排出する。

⑤ 底に有機溶剤等が残っていないことを確かめる。

⑥ 中に攪拌機等の機械がある場合には、電源を切ったのち、外から動かされないようにスイッチに鍵をかけるとともにタンク内作業中である旨を表示したうえで、鍵は自分で持って入る。

⑦ 作業主任者にガス検知器と酸素濃度測定器で中を測定してもらい、有機溶剤蒸気がないこと、酸素濃度が18％以上あることを確認する。

⑧ 万一のときに、すぐに退避や救助ができるよう、はしご、ロープ、墜落制止用器具等を準備し、使用する。

次に、中で作業している間は以下のことに注意します。
① 　外に監視人をおいて中を見張っていてもらう。
② 　作業中はポータブルファンを使って換気を続けるか送気マスクを使う。
③ 　中に持ち込む照明灯や電動工具は必ず防爆構造のものを使う。
④ 　万一異常な臭気を感じたり、気分が悪くなったり、事故が起きたときは直ちに
　　外に退避する。
⑤ 　有機溶剤等を浴びたり、からだに付いたりしたときは、直ちに外に出て服を脱
　　いでからだを洗う。

　作業中、外に監視人をおいて見張ってもらうことは特に大切です。監視人をおかず
に中に入って作業して、助けを呼べずに死亡した事故の例は少なくありません。
　また、ほとんどの有機溶剤は引火性であることを忘れてはなりません。タンク内作
業に限らず、照明用に持ち込んだ裸電球が割れたために爆発事故を起こした例もあり
ます。

（6）事故の場合の退避と救急処置

　万一作業中に異常な臭気に気づいたり、事故が発生した場合には、慌てずに正しい
措置をとり、被害を最小限にとどめるようにすることが必要です。これまで不幸にし
て発生した事故例をみると、異常な臭気や初期の軽い症状を見過ごして作業を続けた
ために重大な災害に発展したり、事故発生の際に作業主任者などへの連絡を怠ったた
めに適切な措置がとられなかったり、あるいは、救助に当たった者が慌てて無防備の
まま高濃度の有機溶剤蒸気の中に飛び込んだりしたために、自分も被災した例が少な
くありません。
　作業中に異常な臭気に気づいたとき、気分が悪くなったとき、同僚が倒れたときな
どは、直ちに作業を中止してきれいな空気のある場所に退避し、連絡等必要な処置を
しなければなりません。一般に有機溶剤の臭気は特に不快でないために、臭気が気に
ならないうちに大量に吸入して麻酔作用を起こし、変だと気づいたときにはもうから
だの自由がきかなくなっていて逃げられず、急性中毒で死亡してしまうこともあるの
で注意が必要です。
　同僚が有機溶剤の中毒にかかって倒れた場合には、直ちに救出して応急処置を施す
ことが必要ですが、このような場合にも、慌てず落ち着いて行動することが大切です。

　まず、身近にいる人に助けを求めることと、中毒で倒れている人の頭部付近にポータブルファンのついた風管で外部から新鮮な空気を送り換気することが必要です。このような措置をとりながら、複数の人間で救出することになります。

　救助作業に当たっては、空気呼吸器等や墜落制止用器具を付けなかったり、誤った使い方をして、救助に入った人まで中毒にかかることのないよう、普段から呼吸用保護具の正しい使い方について練習しておきましょう。また、第2章で紹介した応急措置を、必要に応じて実施できるようにしておくことも大切です。

（7）有機溶剤等の貯蔵と空容器の処理

　有機溶剤等を屋内に貯蔵する場合には、こわれて中のものがこぼれたり、漏れ出したり、しみ出したりしないような丈夫な容器に入れ、また、倒れて中のものがこぼれたり、中で蒸発した有機溶剤の蒸気が出てこないように、しっかりとふたや栓をしておかなければなりません。また、貯蔵する場所には、関係のない者がやたらに立ち入らないように、特別の貯蔵庫にするかまたはロープ、くさり等で区画して、その旨の表示をしなければなりません。貯蔵場所に窓がない場合には、有機溶剤の蒸気がたまらないように排気筒などを設けなければなりません。

　有機溶剤等を入れてあった空容器は、中に残った溶剤が蒸発して出てきやすいので、しっかりふたをしておくか、屋外の一定の場所に集めておかなければなりません。また、空容器の中には爆発性のガスがたまっていることがありますので、たき火の中に入れたり、そのままで溶接したりするとたいへん危険です。

理解度をチェックしよう！

本章のポイント

● 有機溶剤は蒸発しやすいため、こぼさず、できるだけ密閉して取り扱う。容器のふたはきちんと閉め、シンナー等のしみこんだ布きれなどはふたつきの容器に入れる。

● 有機溶剤の蒸気が空気中に広がる前に取り除く装置として、局所排気装置、プッシュプル型換気装置がある。正しい方法で使わないと効果が発揮されない。

● 全体換気は、窓を開けて換気したり、換気扇や電動ベンチレーターを用いて、有機溶剤の蒸気を有害でない程度に薄める方法である。自分より風上に発散源があると、高濃度の蒸気にさらされる危険がある。

● 有機溶剤の蒸気を吸わないためには、有機溶剤を発散させない、発散している場所に入らない、もし発散している場所に入らなければならない場合は、適切な保護具を着用する。有機溶剤作業主任者の指示を守って正しい作業方法で行う。

● 有機溶剤は皮膚を通してもからだに入るため、直接素手で触れないようにする。

● 有機溶剤の発散源を密閉する設備から有機溶剤が漏れ出していないか、局所排気装置・プッシュプル型換気装置が機能しているか、日常的に点検や手入れを行う。

● 有機溶剤の区分に応じた職場の表示や掲示を確認して、自分の取り扱う有機溶剤について知識を持つ。

● 第1種、第2種有機溶剤、特別有機溶剤を取り扱う作業場については、6カ月以内ごとに1回、定期に作業環境測定を行うことが定められている。自分の職場の作業環境の状態を常に知っておく。

● タンク内のように密閉された場所で有機溶剤業務を行うときは、有機溶剤中毒に加えて、酸素欠乏症の危険があるため、有機溶剤をできるだけ排出する、酸素濃度を

確認するほか、退避、救助手段を確保する、などの事項を守って安全に作業を行う。

● 異常な臭気に気づいたり事故が発生した場合は、直ちに退避し、作業主任者等に連絡する。日ごろから、事故の際の対処方法や救助、応急処置の方法を練習しておく。

● 有機溶剤等を貯蔵する場合は、関係のない者が立ち入らないよう特別の貯蔵庫にするか、ロープ、鎖等で区画してその旨表示をする。

● 有機溶剤等を入れてあった空容器は、しっかりふたをしておくか屋外の一定場所に集めておく。

第4章

保護具の使用方法

★学習のねらい★

　　この章では、有機溶剤作業において用いる保護具について学習します。保護具を用いるのは、作業環境対策が難しい場合や、臨時に作業を行う場合です。防毒マスクなどの呼吸用保護具、皮膚障害等防止用保護具等の種類と、正しい使い方を学びます。

1　保護具とは

　有機溶剤による健康障害を防止するための対策としては、第1には作業環境の改善を行うことであり、保護具に頼るのは、作業環境対策が技術的に困難である作業や臨時的に行う作業などの場合に限るべきものです。したがって、保護具があるから他の環境対策が必要ないと考えてはいけません。

　有機溶剤に係る業務で用いる保護具には、次のようなものがあります。

呼吸用保護具	有機ガス用防毒マスク 送気マスク 空気呼吸器	有機溶剤を吸入することによる健康障害の防止
皮膚障害等防止用保護具	化学防護服 化学防護手袋 化学防護長靴 保護めがね 保護クリーム	皮膚接触による吸収・皮膚障害の防止、眼の保護等

2　呼吸用保護具の種類

有機溶剤用の呼吸用保護具には、次のような種類があります。

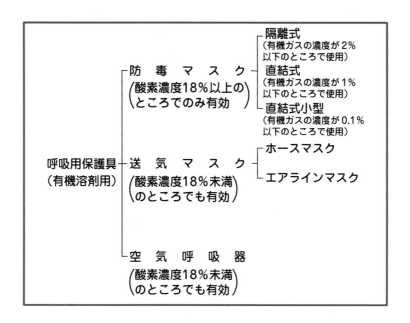

（1）防毒マスク

　防毒マスクは、有機溶剤蒸気が含まれる空気を活性炭が充塡された吸収缶を通気させることによって有機溶剤蒸気だけを除去して、着用者が清浄な空気を呼吸できるようにするものです。防毒マスクを通気した後の空気中の酸素濃度は、通気前と変わらず、酸素濃度18%未満の場所では、使用することができません。

　防毒マスクは、その形状および使用範囲により、**隔離式**、**直結式**および**直結式小型**の3種類があり、面体には、**全面形**と**半面形**とがあります。

　有機ガス用の防毒マスクには、厚生労働省告示による規格があり、この規格に適合したものとして、厚生労働大臣から登録を受けたものが行う**国家検定に合格**しなければ、販売したり、使用したりしてはいけないことになっています。国家検定に合格したものには、52ページの下の図のような**標章**が付いています。この標章の付いているものを使用しなければなりません。なお、有機溶剤用の吸収缶の**塗色は黒**、文字で「**有機ガス用**」と表示されています。

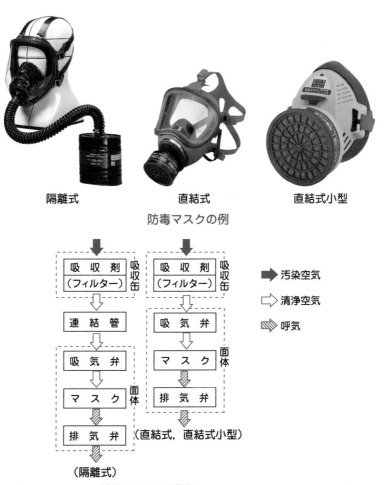

隔離式　　　　　直結式　　　　直結式小型

防毒マスクの例

吸収剤（フィルター）吸収缶　　　➡ 汚染空気

吸収剤（フィルター）吸収缶　　　⇨ 清浄空気

連結管　　　吸気弁　　　🔜 呼気

吸気弁 面体　　マスク 面体

マスク　　　排気弁

排気弁（直結式，直結式小型）

（隔離式）

防毒マスクの構造

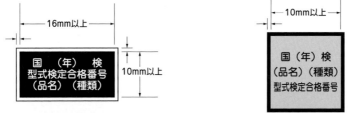

（呼気補助具付き防じんマスク以外の防じんマスクおよび防毒マスクの面体用並びに電動ファン付き呼吸用保護具の面体等用）

（吸気補助具が分離できる吸気補助具付き防じんマスクの吸気補助具、防じんマスクおよび電動ファン付き呼吸用保護具のろ過材、防毒マスクの吸収缶（防じん機能を有する防毒マスクに具備されるものであって、ろ過材が分離できるものにあっては、ろ過材を分離した呼吸缶およびろ過材）並びに電動ファンが分離できる電動ファン付き呼吸用保護具の電動ファン用）

※縁の幅は0.1mm 以上 1mm 以下

型式検定合格標章

（2）送気マスク

　送気マスクは、送風または圧縮空気等によって、面体やフードなどの中に新鮮な空気が送気等されます。適正に使用すれば、フードなどの内側は新鮮な空気の状態が保たれますので、労働者周辺の作業環境中の酸素濃度が低くても、また、有機溶剤蒸気の濃度に関係なく使用することができます。

　送気マスクは、空気を送るホースが付いていますので、行動範囲が限られますが、吸気抵抗はほとんどなく、一定の場所で行う作業で使用することができます。送気マスクには、自然の大気を空気源とする**ホースマスク**と圧縮空気を空気源とする**エアラインマスク**とがあります。

（肺力吸引式ホースマスク）

（手動送風機式ホースマスク）

（電動送風機式ホースマスク）

（一定流量式エアラインマスク）

送気マスクの例

（3）空気呼吸器

　清浄な空気をボンベに詰めて背負って携行して、その空気を呼吸する装置が空気呼吸器です。1本のボンベ内の空気を有効に使用できる時間は、ボンベの容量と作業の強度によって異なりますが、約10〜80分ぐらいまでの様々な種類のものがあります。なお、この呼吸器を用いて一般の作業をすることは極めてまれであり、災害発生時の救出作業等に使用されます。

空気呼吸器の例

3 防毒マスクの使用方法および保守管理

防毒マスクは、国家検定によってその性能が保証されています。しかし、その性能は新しいものについてであり、適正に使用しなければ、その性能を十分発揮することはできません。

防毒マスクを使用する際の留意点は以下のとおりです。

① 防毒マスクを使用できる環境であること。
　　・酸素濃度が 18%以上のところ
② マスクの種類により、使用できる有機ガスの濃度が異なる。
　　「隔離式」（有機ガス濃度 2%以下で使用）
　　「直結式」（有機ガス濃度 1%以下で使用）
　　「直結式小型」（有機ガス濃度 0.1%以下で使用）
③ 酸素濃度と有機ガス濃度の状態によっては、送気マスク等の使用を検討する。

また、有機溶剤を使用する作業の内容、作業の強度を考慮して防毒マスクを選択します。防毒マスクには、様々な種類のものがあります。重いけれど比較的高濃度の有機ガスに耐えられるもの、軽く低濃度の有機ガスに使うもの等があるので、作業の内容、強度を十分考慮して防毒マスクの重量、吸排気抵抗をメーカーが作っているパンフレットや取扱説明書等で確認して防毒マスクを選択します。

（1）吸収缶の有機ガスを吸収する能力の限界

防毒マスクの吸収缶が有機ガスを吸収する能力には一定の限界があります。吸収剤の除毒能力が失われ、有毒ガスが除去されずに通過してしまう状態を破過といいます。

防毒マスクの吸収缶には、**「破過曲線図」**が添付されていますが、これは、ある一定の環境でシクロヘキサンを試験用ガスとしたときのものですので、実際に防毒マスクを使用する環境では、当然、異なってきます。特に、次のページの物質については試験用ガスであるシクロヘキサンに比べて極端に破過時間が短くなりますので注意が必要です。

メタノール
二硫化炭素
アセトン
ジクロロメタン（特別有機溶剤）

また、有機ガス用防毒マスクの吸収缶は、**使用する環境の温度、湿度が高いほど破過時間が短くなる傾向があり**、沸点の低い物質ほど、その傾向が強いとされています。

防毒マスクの吸収缶の使用時間については、取扱説明書および破過曲線図、メーカーへの照会結果等に基づいて、作業場所における温度や湿度を考え、余裕のある使用限度時間をあらかじめ設定し、その設定時間を限度に防毒マスクを使用します。また、防毒マスクの吸収缶に添付されている使用時間記録カードには、使用した時間を必ず記録し、使用限度時間を超えて使用しないようにします。

従来から行われている、「防毒マスクの使用中に臭気等を感知した場合を使用限度時間の到来として吸収缶の交換時期とする方法」は、有害物質の臭気等を感知できる濃度がばく露限界濃度より著しく小さい物質に限り行ってもよいとされ、例を挙げると次のとおりです。

アセトン　　　　　　　　　　（果実臭）
クレゾール　　　　　　　　（クレゾール臭）
酢酸イソブチル　　　　　　（エステル臭）
酢酸イソプロピル　　　　　　（果実臭）
酢酸エチル　　　　　　　（マニキュア臭）
酢酸ブチル　　　　　　　　（バナナ臭）
酢酸プロピル　　　　　　　（エステル臭）
スチレン※　　　　　　　　（甘い刺激臭）
１－ブタノール　　　　　（アルコール臭）
２－ブタノール　　　　　（アルコール臭）
メチルイソブチルケトン※　（甘い刺激臭）
メチルエチルケトン　　　　（甘い刺激臭）　　　※は特別有機溶剤

（2）適正に着用する方法

　いかに着用者の顔面に合ったよい防毒マスクを選択したとしても、適正に着用しなければ、その性能を十分発揮させることはできません。下記のように正しく着用し、**顔面への密着性を漏れ試験等で確認**した後に作業を開始しましょう。

①片手でマスク本体を持ち、ヘッドバンドを頭頂部に乗せるようにかける

②しめひもを引っ張って、あごと鼻が覆われるようにマスクを当てる

③しめひもを首の後ろで留め具で止めて、締め付け具合を調節し、マスクを上下左右に動かし密着の良い場所に合わせる

④しめひもの位置・角度に注意する

防毒マスクの着用方法の一例

〈陰圧法による漏れ試験〉

マスクを装着し、空気入れ口（吸収缶の入り口部分）をメーカーが市販しているフィットチェッカーあるいは作業者の手のひらでふさいで、息を吸ったときに苦しくなり、マスクの内部が外部よりも低い圧力になって面体が吸いつくことを確認する方法

① フィットチェッカーを用いた漏れチェック

吸気口にフィットチェッカーを取り付けて息を吸うとき、瞬間的に吸うのではなく、2～3秒の時間をかけてゆっくりと息を吸い、苦しくなれば空気の漏れ込みが少ないことを示す。

② 手を用いた漏れチェック

吸気口を手でふさぐときは、押し付けて面体が押されないように、反対の手で面体を押さえながら息を吸い、苦しくなれば、空気の漏れこみが少ないことを示す。

防毒マスクの顔面への密着性を確認する方法の例

（3）保守管理の方法

　新しい防毒マスクの性能がいかに優れていても、保守管理が的確に行われなければ、その性能を維持することはできませんので、次のようなことが必要となります。

（a）　使用前の点検項目
①　吸気弁、面体、排気弁、しめひも等に破損、き裂または著しい変形はないか。
②　吸気弁、排気弁および弁座に粉じん等は付着していないか。
③　吸気弁および排気弁が弁座に適切に固定され、排気弁の気密性は保たれているか。
④　吸収缶が適切に取り付けられているか。
⑤　吸収缶に水が浸入したり、破損または変形していないか。
⑥　吸収缶から異臭が出ていないか。
⑦　ろ過材が分離できる吸収缶にあっては、ろ過材が適切に取り付けられているか。
⑧　未使用の吸収缶にあっては、製造者が指定する保存期限を超えていないか。また、包装が破損せず気密性が保たれているか。
⑨　予備の防毒マスクおよび吸収缶を用意しているか。

（b）　防毒マスクの管理
①　予備の防毒マスク、吸収缶その他の部品を常時備え付け、適時交換して使用できるようにしておく。
②　吸気弁、面体、排気弁、しめひも等の破損、き裂、変形等の状況および吸収缶の固定不良、破損等の状況を点検するとともに、防毒マスクの各部について次の方法により手入れを行う。取扱説明書等に特別な手入れ方法が示されていればそれに従う。

防毒マスクの手入れ
・　吸気弁、面体、排気弁、しめひも等については、乾燥した布片または軽く水で湿らせた布片で、付着した有害物質、汗等を取り除く。
　　また、汚れの著しいときは、吸収缶を取り外した上で面体を中性洗剤等により水洗する。
③　使用後は、防毒マスクを常に有効かつ清潔に保持するため、有害物質がなく湿気の少ない場所で保管する。
　　吸収缶については、吸収缶に充塡されている活性炭等は吸湿または乾燥により

能力が低下するものが多いため、使用直前まで開封しない。また、使用後は上栓および下栓を閉めて保管する。栓がないものについては、密封できる容器または袋に入れて保管する。

（4）防毒マスク使用上の注意

① 防毒マスクは、酸素濃度 18％未満の場所では使用できない。
このような場所では送気マスクなどを使用する。
② 防毒マスクを着用しての作業は、吸気抵抗があり、通常より呼吸器系等に負荷がかかる。そのため、呼吸器系等に疾患がある人は、防毒マスクを着用しての作業が適当であるか否かについて、産業医等の確認が必要。

（5）全体的な留意事項

事業者は、衛生管理者、作業主任者等の労働衛生に関する知識および経験を有する者のうちから、各作業場ごとに防毒マスクを管理する**保護具着用管理責任者**を指名し、防毒マスクの適正な選択、着用および取扱方法について必要な指導を行わせるとともに、防毒マスクの適正な保守管理に当たらせるよう留意する必要があります。

4　皮膚障害等防止用保護具等

　皮膚障害等防止用保護具等には、化学防護手袋、化学防護服、化学防護長靴、保護めがねなどがあり、有機溶剤が皮膚、眼に付着することを防ぐ目的で使用されます。

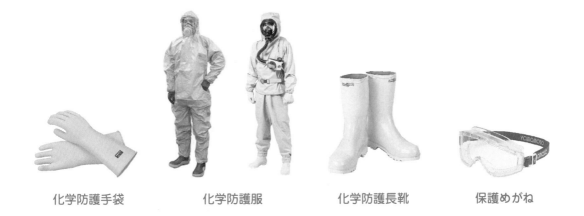

化学防護手袋　　　　　　化学防護服　　　　　　化学防護長靴　　　　　保護めがね

化学防護手袋の正しい選定、着用、管理

　化学防護手袋は、使用する有機溶剤に対して透過しにくい材質（透過時間で確認する）で、作業性のよいものを選びます。着用する際の留意事項は以下のとおりです。

・着用する前に、傷、穴、亀裂などがないか確認する。手袋の内側に空気を吹き込むなどにより穴あきがないか確認する。

・手袋を脱ぐときは、付着している有機溶剤がからだに付着しないよう、付着面が内側になるように取り外す。

・あらかじめ定められた使用可能時間を超えた化学防護手袋は使用しない。作業を中断しても、使用可能時間は延長しない。

・予備の化学防護手袋を常時備え付け、適時交換して使用できるようにする。

・化学防護手袋は、直射日光や高温多湿をさけ、冷暗所に保管する。

・防毒マスクと同様に、事業者は、労働衛生に関する知識および経験を有する者のうちから、各作業場ごとに**保護具着用管理責任者**を指名し、化学防護手袋の適正な選択、着用および取扱方法について必要な指導を行わせるとともに、化学防護手袋の適正な保守管理に当たらせるよう留意する必要があります。

理解度をチェックしよう！

本章のポイント

● 有機溶剤作業に使用される呼吸用保護具には、防毒マスク、送気マスク、空気呼吸器がある。防毒マスクは、酸素濃度18%未満の場所では使用できない。

● 防毒マスクは、国家検定に合格した、検定合格標章のついたものを使用する。

● 有機溶剤用の防毒マスクの吸収缶の色は黒で、文字で「有機ガス用」と表示されている。吸収缶は、一定の限界を超えると、破過（有機ガスが除毒されず通過すること）するため、定められた使用限度時間を超えて使用しない。

● 防毒マスクの顔面への密着性を、使用のつど、陰圧法を用いて確認する。

● 化学防護手袋は、着用する前に、傷、穴などがないか確認する。手袋を脱ぐときは、付着している有機溶剤がからだに付着しないよう、付着面が内側になるように取り外す。

第5章

関係法令

★学習のねらい★

この章では、労働安全衛生法や有機溶剤中毒予防規則などの法令で、有機溶剤作業について守らなければならない決まりを学びます。規制の対象となる有機溶剤・有機溶剤業務、設備、管理の方法などを理解しましょう。

1　事業者のつとめ

　事業者は、労働者が有機溶剤にばく露されて病気にかかることを防ぐために、次のような措置を講ずるようにしなければならないとされています。

① 　設備、作業工程または作業方法の改善、職場の環境の整備などの必要な措置（労働安全衛生法（以下、「法」といいます。）第20条〜第25条など）。
② 　健康診断の実施、作業場所の変更、作業時間の短縮などの健康管理のために必要な措置（法第66条、第66条の5）。

2 規制の対象範囲

（1）有機溶剤

　有機溶剤とは、一般には**物質を溶解する性質**をもつ有機化合物（炭素を含む化合物）をいい、いろいろな種類の物質があります。有機溶剤中毒予防規則（以下、「有機則」といいます。）においては、そのうちから **44 種類**を規制対象としています（有機則第 1 条）。

（2）有機溶剤等

　有機溶剤そのものでなくても、トルエン入りの塗料のように有機溶剤が入っている物を取り扱う場合は、その取扱量、含有量等によって程度の差異があっても、やはり有機溶剤中毒にかかる危険性があります。このようなものを有機則においては有機溶剤含有物とよび、さらに、有機溶剤および有機溶剤含有物のことを「**有機溶剤等**」と定義し、あわせて規制の対象としています（有機則第 1 条第 1 項第 1 号、第 2 号）。

（3）有機溶剤等の区分

　有機則に定められている諸規定のうちいくつかは、有機溶剤の有害性や物性等を考慮して、44 種類の規制対象有機溶剤等を、有害性のリスクが高くなる可能性が大きい順に、第 1 種、第 2 種、第 3 種の 3 つのグループに分けて適用しています。「**第 1 種有機溶剤等**」に区分されている有機溶剤には、単一物質で有害性の程度が比較的高く、しかも蒸気圧が高いものがなっています。それ以外の単一物質である有機溶剤が「**第 2 種有機溶剤等**」として区分されています。また、「**第 3 種有機溶剤等**」である有機溶剤は、多くの炭化水素が混合状態となっている石油系溶剤および植物系溶剤であって、沸点がおおむね 200 度以下のものです（有機則第 1 条第 1 項第 3 号～第 5 号）。

有機溶剤等

	第1種有機溶剤等	第2種有機溶剤等		第3種有機溶剤等
有機溶剤	イ 1　1,2-ジクロルエチレン 2　二硫化炭素 　　　　　（2種）	イ 1　アセトン 2　イソブチルアルコール 3　イソプロピルアルコール 4　イソペンチルアルコール 5　エチルエーテル 6　エチレングリコールモノエチルエーテル 7　エチレングリコールモノエチルエーテルアセテート 8　エチレングリコールモノ－ノルマル－ブチルエーテル 9　エチレングリコールモノメチルエーテル 10　オルト－ジクロルベンゼン 11　キシレン 12　クレゾール 13　クロルベンゼン 14　酢酸イソブチル 15　酢酸イソプロピル 16　酢酸イソペンチル 17　酢酸エチル 18　酢酸ノルマル－ブチル	19　酢酸ノルマル－プロピル 20　酢酸ノルマル－ペンチル 21　酢酸メチル 22　シクロヘキサノール 23　シクロヘキサノン 24　N,N-ジメチルホルムアミド 25　テトラヒドロフラン 26　1,1,1-トリクロルエタン 27　トルエン 28　ノルマルヘキサン 29　1-ブタノール 30　2-ブタノール 31　メタノール 32　メチルエチルケトン 33　メチルシクロヘキサノール 34　メチルシクロヘキサノン 35　メチル－ノルマル－ブチルケトン 　　　　　（35種）	イ 1　ガソリン 2　コールタールナフサ 3　石油エーテル 4　石油ナフサ 5　石油ベンジン 6　テレビン油 7　ミネラルスピリット 　　　　　（7種）
有機溶剤含有物	ロ　イに掲げる物のみから成る混合物 ハ　イに掲げる物と当該物以外の物との混合物で、イに掲げる物を当該混合物の重量の5%を超えて含有するもの	ロ　イに掲げる物のみから成る混合物 ハ　イに掲げる物と当該物以外の物との混合物で、イに掲げる物または左欄のイに掲げる物を当該混合物の重量の5%を超えて含有するもの（左欄ハに掲げる物を除く）		（有機溶剤等のうち第1種有機溶剤等および第2種有機溶剤等以外の物）

（4） 有機溶剤業務

　有機溶剤業務は、有機溶剤等を取り扱い、または有機溶剤等が付着している物を取り扱う等、なんらかの形で有機溶剤の蒸気を発散させる業務のうちから、当該業務に従事する労働者が有機溶剤による中毒にかかるおそれがあると認められる業務です。

　有機則では、換気、保護具の着用等の措置を講じなければ、これに従事する労働者が有機溶剤による中毒にかかるおそれがあると一般的に認められる業務を列挙し、**12の業務**を定めています（有機則第1条第1項第6号）。

有機溶剤業務

イ　有機溶剤等を製造する工程における有機溶剤等のろ過、混合、攪拌（かくはん）、加熱または容器もしくは設備への注入の業務
ロ　染料、医薬品、農薬、化学繊維、合成樹脂、有機顔料、油脂、香料、甘味料、火薬、写真薬品、ゴムもしくは可塑剤またはこれらのものの中間体を製造する工程における有機溶剤等のろ過、混合、攪拌（かくはん）または加熱の業務
ハ　有機溶剤含有物を用いて行う印刷の業務
ニ　有機溶剤含有物を用いて行う文字の書込みまたは描画の業務
ホ　有機溶剤等を用いて行うつや出し、防水その他物の面の加工の業務
ヘ　接着のためにする有機溶剤等の塗布の業務
ト　接着のために有機溶剤等を塗布された物の接着の業務
チ　有機溶剤等を用いて行う洗浄（ヲに掲げる業務に該当する洗浄の業務を除く。）または払しょくの業務
リ　有機溶剤含有物を用いて行う塗装の業務（ヲに掲げる業務に該当する塗装の業務を除く。）
ヌ　有機溶剤等が付着している物の乾燥の業務
ル　有機溶剤等を用いて行う試験または研究の業務
ヲ　有機溶剤等を入れたことのあるタンク（有機溶剤の蒸気の発散するおそれがないものを除く。）の内部における業務

（5）発がんのおそれのある特別有機溶剤

（a）　特別有機溶剤

　特定化学物質障害予防規則（以下「特化則」といいます）により①エチルベンゼン、②クロロホルム、③四塩化炭素、④ 1,4 －ジオキサン、⑤ 1,2 －ジクロロエタン（別名二塩化エチレン）、⑥ 1,2 －ジクロロプロパン、⑦ジクロロメタン（別名二塩化メチレン）、⑧スチレン、⑨ 1,1,2,2 －テトラクロロエタン（別名四塩化アセチレン）、⑩テトラクロロエチレン（別名パークロルエチレン）、⑪トリクロロエチレン、⑫メチルイソブチルケトンの 12 種類の有機溶剤を特定化学物質の**特別有機溶剤**（特別管理物質）として規制しています（特化則第 2 条）。これはこれらの有機溶剤が人に発がん性を示すか、その可能性があるためです。

（b）　特別有機溶剤等

　有機則における有機溶剤等と同様に、特別有機溶剤を一定の割合を超えて含有する物を、**特別有機溶剤等**として規制の対象としています。

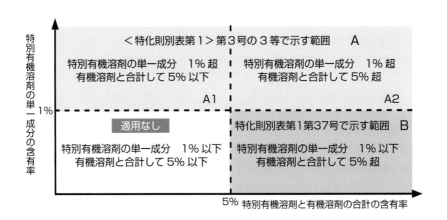

特別有機溶剤に関する規制の概要

	特別有機溶剤の含有量	規制の概要
A	特別有機溶剤の含有量が重量の 1% を超えるもの（特別有機溶剤と有機則の有機溶剤の合計含有量が重量の 5% 以下のものは A1、5% を超えるものは A2）	発がん性に着目し、他の特定化学物質と同様の規制を適用。ただし、発散抑制措置、呼吸用保護具等については有機則の規定を準用
B	特別有機溶剤の含有量が重量の 1% 以内で、かつ特別有機溶剤と有機則の有機溶剤の合計含有量が重量の 5% を超えるもの（有機溶剤のみで 5% を超えるものは除く）	有機溶剤と同様の規制

（c）　対象業務

　特別有機溶剤を取り扱う業務のうち、エチルベンゼンを用いた塗装業務、1,2 －ジクロロプロパンを用いて行う洗浄・払拭業務、クロロホルムほか 9 物質を用いて行う有機溶剤業務を**特別有機溶剤業務**として規制の対象としています（特化則第 2 条の 2)。

（d）　有機則の準用

　68 ページの図のとおり、特別有機溶剤の含有量や有機溶剤と合わせた含有量が一定値を超えると、有機則の多くの規定が適用（準用）されます。この場合、基本的に、68 ページ（5）（a）のうち、②③⑤⑨⑪は第 1 種有機溶剤、①④⑥⑦⑧⑩⑫は第 2 種有機溶剤として読み替えられます。混合物において、特別有機溶剤の単一成分の含有率が重量の 1 ％を超えると、特化則が適用になることに注意が必要です（特化則第 38 条の 8)。

（e）　発がん性を踏まえた措置

　特別有機溶剤については、その発がん性を踏まえて、特化則に基づき、主に、以下の対応が必要です。

　作業記録の作成とその保存期間が 30 年、健康診断結果と作業環境測定結果の保存期間も 30 年です（特化則第 36 条、第 38 条の 4、第 40 条)。

　エチルベンゼン塗装業務、1,2 －ジクロロプロパンやジクロロメタンを用いて行う洗浄・払拭の業務については、配置転換などで作業から離れた後も、継続して定期に特別な健康診断の受診が必要です。

　また、「物質の名称」「人体に及ぼす作用」「取扱上の注意」「使用すべき保護具」について掲示する必要があります。

　その他、特化則に基づき、溶剤の貯蔵について堅固な容器・確実な包装を行うなどの対応が必要になります。

3　適用の除外

　有機溶剤業務（特別有機溶剤を含む）を行う場合であっても、取り扱う有機溶剤等の量が少ない場合には、有機溶剤の蒸発する量も少なく、作業環境における空気中の濃度も低くなり、したがって、労働者がばく露される程度も小さくなるので、設備の設置その他の措置を講じなくても、労働者が有機溶剤中毒にかかるおそれがないと認められる場合があります。このような場合に該当するときは、一定の要件などによって、有機則の規定の適用が一部除外されます（有機則第2〜3条）。

適用の除外（有機則第2条）

---

① 屋内作業場等のうちタンク等の内部以外の場所において、作業時間1時間に消費する有機溶剤等の量が次の表に掲げる許容消費量を超えないとき

② タンク等の内部において、1日に消費する有機溶剤等の量が次の表に掲げる許容消費量を超えないとき

消費する有機溶剤等の区分	有機溶剤等の許容消費量
第1種有機溶剤等	$W = \dfrac{1}{15} \times A$
第2種有機溶剤等	$W = \dfrac{2}{5} \times A$
第3種有機溶剤等	$W = \dfrac{3}{2} \times A$

備考　W：有機溶剤等の許容消費量（単位 g）
　　　A：作業場の気積（床面から4mを超える高さにある空間を除く。単位 m³）、ただし、気積150m³を超える場合は150m³とする。
　　　※有機溶剤等の量には特別有機溶剤の量が含まれる。

4 設備などの基準

（1）設　備

　有機溶剤業務（特別有機溶剤業務を含む）を行う作業場所において労働者が有機溶剤の蒸気にばく露されることを低減させるために、「有機溶剤の蒸気の発散源を密閉する設備（密閉設備）」「局所排気装置」「プッシュプル型換気装置」または「全体換気装置」の設置が義務づけられています。

　密閉設備とは、文字どおり有害物を作業工程で密閉してしまうもので、局所排気装置とは、有害物の発散源に近いところに吸込口（フード）を設けて、定常的な吸引気流をつくり、有害物が拡散していく前に高濃度の状態のまま有害物をその気流により捕捉して、局所的に吸引し、作業者が汚染空気にばく露されないように搬送、排出するための装置です。有機則でいうプッシュプル型換気装置とは、一様な気流をつくることにより渦の発生や乱れ気流の影響を抑制し、作業者が有害物にばく露されないよう汚染空気を効果的に排気する装置です。

　また、全体換気装置とは、作業場における空気中の有害物の濃度が有害な程度にならないように、新鮮な空気を供給することによってその有害物を希釈（混合）しながら換気するための装置です。

（2）第1種有機溶剤等または第2種有機溶剤等に係る設備

　屋内作業場等においては、第1種有機溶剤等、第2種有機溶剤等に係る有機溶剤業務（特別有機溶剤業務を含む）を行う場合は、有機溶剤の蒸気の発散源を密閉する設備、局所排気装置またはプッシュプル型換気装置の設置が義務づけられています（有機則第5条）。

（3）第3種有機溶剤等に係る設備

　タンク等の内部において第3種有機溶剤等に係る吹付け以外の有機溶剤業務を行う場合は、有機溶剤の蒸気の発散源を密閉する設備、局所排気装置、プッシュプル型換気装置の設置または全体換気装置の設置のいずれかの措置をとることが義務づけられています（有機則第6条第1項）。

（4）吹付け業務に係る設備

　吹付けによる有機溶剤業務を行う場合は、有機溶剤の蒸気の発散源を密閉する設備、局所排気装置またはプッシュプル型換気装置の設置が義務づけられています（有機則第6条第2項）。

有機則における設備の設置等

作業場の種類 / 設置すべき設備 / 有機溶剤業務の種類		第1種有機溶剤等または第2種有機溶剤等を用いて行う有機溶剤業務※1（特別有機溶剤業務を含む）		第3種有機溶剤等を用いて行う有機溶剤業務	
屋内作業場等のうちタンク等の内部以外の場所	密閉設備	○	のいずれか	—	
	局所排気装置	○		—	
	プッシュプル型換気装置	○		—	
	全体換気装置	×		—	
タンク等の内部 — 吹付け作業	密閉設備	○	のいずれか	○	のいずれか
	局所排気装置	○		○	
	プッシュプル型換気装置	○		○	
	全体換気装置	×		×	
タンク等の内部 — 吹付け以外の作業	密閉設備	○	のいずれか	○	のいずれか※2
	局所排気装置	○		○	
	プッシュプル型換気装置	○		○	
	全体換気装置	×		○	

※1　有機溶剤等を入れたことのあるタンクの内部における業務を除く。
　　有機溶剤等を入れたことのあるタンク内部における業務に労働者を従事させるときは送気マスクを使用させなければならない。
※2　全体換気装置とあわせて、呼吸用保護具（送気マスクまたは防毒マスク）を使用させなければならない。

（5）設備の性能等

　局所排気装置、プッシュプル型換気装置および全体換気装置については、必要な構造と性能を保持させるとともに有機溶剤業務を行うときに有効に稼働させなければならないことが定められています（有機則第16条～第18条）。

5 管理

（1）有機溶剤作業主任者

　事業者は、有機溶剤業務を行う場合には、有機溶剤作業主任者技能講習を修了した者のうちから「**有機溶剤作業主任者**」※を選任し、有機溶剤業務に従事する労働者の指揮その他の事項を行わせなければなりません（有機則第19条）。

　有機溶剤作業主任者の職務は、次のとおり定められています（有機則第19条の2）。

※特別有機溶剤業務では有機溶剤作業主任者技能講習を修了した者のうちから「特定化学物質作業主任者（特別有機溶剤等関係）」を選任することが必要です（特化則第27条）。

＜有機溶剤作業主任者の職務＞

①　作業に従事する労働者が有機溶剤により汚染され、またはこれを吸入しないように作業の方法を決定し、労働者を指揮すること。

②　局所排気装置、プッシュプル型換気装置または全体換気装置を1カ月を超えない期間ごとに点検すること。

③　保護具の使用状況を監視すること。

④　タンクの内部において有機溶剤業務に労働者が従事するときは、所定の措置が講じられていることを確認すること。

（2）定期自主検査等

　　事業者は、局所排気装置およびプッシュプル型換気装置については、定期自主検査、改造や補修を行ったときは、その後はじめて使う前に点検し、それについて記録、3年間保存しなければならないとされています（有機則第20条～第23条）。

（3）掲　　示

　　事業者は、屋内作業場等において有機溶剤業務（特別有機溶剤業務を含む）に労働者を従事させるときは、次のことについて、作業中の労働者が容易に知ることができるよう、見やすい場所に掲示しなければならないとされています（有機則第24条）。

＜掲示内容＞

① 　有機溶剤の人体に及ぼす作用。
② 　有機溶剤等の取扱上の注意事項。
③ 　有機溶剤による中毒が発生したときの応急処置。

（4）有機溶剤等の区分の表示

　事業者は、屋内作業場等において有機溶剤業務に労働者を従事させるときは、当該有機溶剤業務に係る有機溶剤等の区分を、作業中の労働者が容易に知ることができるように、色分けと文字表記などの方法により、見やすい場所に表示しなければならないとされています（有機則第25条）。

①　第1種有機溶剤等については、赤色。
②　第2種有機溶剤等については、黄色。
③　第3種有機溶剤等については、青色。

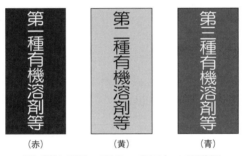

第一種有機溶剤等（赤）	第二種有機溶剤等（黄）	第三種有機溶剤等（青）

「有機溶剤等の区分の表示」の標識例

（5）タンク内作業において特別に必要とする管理

　事業者は、タンクの内部において有機溶剤業務に労働者を従事させるときは、次の措置を行わなければならないとされています（有機則第26条）。

①　作業を始める前に、タンクのマンホールその他有機溶剤等が流入するおそれのない開口部をすべて開放すること。
②　労働者のからだが有機溶剤等により著しく汚染されたときおよび作業が終了したときは、直ちに労働者にからだを洗浄させ、汚染を除去させること。
③　事故が発生したときにタンクの内部の労働者を直ちに退避させることができる設備または器具などを設備しておくこと。

　これらの措置を行うほか、有機溶剤等を入れたことのあるタンクについては、作業を始める前に、次のことを行わなければならないとされています。

① 有機溶剤等をタンクから排出し、かつ、タンクに接続するすべての配管から有機溶剤等がタンクの内部へ流入しないようにすること。

② 水または水蒸気等を用いてタンクの内壁を洗浄し、かつ、洗浄に用いた水または水蒸気等をタンクから排出すること。

③ タンクの容積の3倍以上の量の空気を送気し、もしくは排気するか、またはタンクに水を満たしたのち、その水をタンクから排出すること。

（6）事故の場合の退避等

事業者は、有機溶剤等の漏えいや換気装置の故障等が起こり、中毒が発生するおそれがある場合には、作業を中止して労働者を退避させるとともに、当該事故現場の有機溶剤による汚染が除去されるまで立入りを制限しなければならないとされています（有機則第27条）。

6 作業環境測定

作業環境測定は、単位作業場所内に 6m 以下の等間隔で引いた縦の線と横の線との交点の床上 0.5m 以上 1.5m 以下の位置を測定点とする A 測定と、単位作業場所内で最も濃度が高くなると思われる時間と作業位置において行う B 測定で行われます。塗装作業等有機溶剤等の発散源の場所が一定しない作業が行われる単位作業場所については、令和 3 年 4 月からはこれに加えて、労働者の身体に試料採取器を装着して行う作業環境測定（個人サンプリング法：C 測定および D 測定）も選択できるようになりました。

事業者は、有機則の規制対象有機溶剤の中で第 1 種有機溶剤および第 2 種有機溶剤に係る有機溶剤業務（特別有機溶剤を含む）を行う屋内作業場については、6 カ月以内ごとに 1 回、空気中の有機溶剤の濃度を測定し、その結果の評価に基づいて適切な改善措置を講じなければならないとされています（有機則第 28 条～第 28 条の 4、特化則第 36 条～第 36 条の 5）。

＜測定対象の有機溶剤＞

① アセトン
② イソブチルアルコール
③ イソプロピルアルコール
④ イソペンチルアルコール（別名イソアミルアルコール）
⑤ エチルエーテル
⑥ エチレングリコールモノエチルエーテル（別名セロソルブ）
⑦ エチレングリコールモノエチルエーテルアセテート（別名セロソルブアセテート）
⑧ エチレングリコールモノ－ノルマル－ブチルエーテル（別名ブチルセロソルブ）
⑨ エチレングリコールモノメチルエーテル（別名メチルセロソルブ）
⑩ オルト－ジクロルベンゼン
⑪ キシレン
⑫ クレゾール
⑬ クロルベンゼン
⑭ 酢酸イソブチル

⑮　酢酸イソプロピル

⑯　酢酸イソペンチル（別名酢酸イソアミル）

⑰　酢酸エチル

⑱　酢酸ノルマル－ブチル

⑲　酢酸ノルマル－プロピル

⑳　酢酸ノルマル－ペンチル（別名酢酸ノルマル－アミル）

㉑　酢酸メチル

㉒　シクロヘキサノール

㉓　シクロヘキサノン

㉔　1,2－ジクロルエチレン（別名二塩化アセチレン）

㉕　N,N－ジメチルホルムアミド

㉖　テトラヒドロフラン

㉗　1,1,1－トリクロルエタン

㉘　トルエン

㉙　二硫化炭素

㉚　ノルマルヘキサン

㉛　1－ブタノール

㉜　2－ブタノール

㉝　メタノール

㉞　メチルエチルケトン

㉟　メチルシクロヘキサノール

㊱　メチルシクロヘキサノン

㊲　メチル－ノルマル－ブチルケトン

㊳　エチルベンゼン※

㊴　クロロホルム※

㊵　四塩化炭素※

㊶　1,4－ジオキサン※

㊷　1,2－ジクロロエタン（別名二塩化エチレン）※

㊸　1,2－ジクロロプロパン※

㊹　ジクロロメタン（別名二塩化メチレン）※

㊺　スチレン※

㊻　1,1,2,2－テトラクロロエタン（別名四塩化アセチレン）※

㊼　テトラクロロエチレン（別名パークロルエチレン）※
㊽　トリクロロエチレン※
㊾　メチルイソブチルケトン※　　　　　　　　　　　※は特別有機溶剤

　作業環境測定結果の評価は、作業環境評価基準にしたがって、作業環境の状態を第1管理区分、第2管理区分および第3管理区分の3つに区分することによって行います。各管理区分における作業場の状態と講ずべき措置の内容は次表のとおりです（作業環境評価基準第2条、有機則第28条の3〜第28条の4、特化則第36条の2〜第36条の3）。

管理区分と管理区分に応じて講ずべき措置

管理区分	作業場の状態	講ずべき措置
第1管理区分	当該単位作業場所のほとんど（95％以上）の場所で気中有害物質の濃度が管理濃度を超えない状態	現在の管理の継続的維持に努める
第2管理区分	当該単位作業場所の気中有害物質の濃度の平均が管理濃度を超えない状態	①　施設、設備、作業工程または作業方法の点検を行い、その結果に基づき、作業環境を改善するため必要な措置を講ずるよう努める ②　測定結果の評価の記録および作業環境を改善するために講ずる措置を労働者に周知する
第3管理区分	当該単位作業場所の気中有害物質の濃度の平均が管理濃度を超える状態	①　施設、設備、作業工程または作業方法の点検を行い、その結果に基づき、作業環境を改善するため必要な措置を講ずる ②　有効な呼吸用保護具の使用 ③　健康診断の実施その他労働者の健康の保持を図るため必要な措置を講ずる ④　測定結果の評価の記録、作業環境を改善するために講ずる措置および改善効果確認のための測定の評価結果を労働者に周知する

7　健康診断

（1）健康診断対象業務

　事業者は、屋内作業場等における第1種有機溶剤等もしくは第2種有機溶剤等に係る有機溶剤業務（特別有機溶剤業務を含む）またはタンク等の内部における第3種有機溶剤等に係る有機溶剤業務にあっては、当該業務に常時従事する労働者に対し、**雇入れ**の際、当該業務への**配置替え**の際およびその後**6カ月以内ごとに1回**※、定期に特殊健康診断を行わなければならないとされています（有機則第29条、特化則第39条、第41条の2）。

> ※特別有機溶剤の「エチルベンゼン」の塗装業務、「1,2－ジクロロプロパン」や「ジクロロメタン」の洗浄・払拭業務の場合は、配置転換後も6カ月以内ごとに1回実施。

（2）緊急診断

　事業者は、労働者が有機溶剤により著しく汚染され、また、これを多量に吸入したときは、速やかに、当該労働者に医師による診察または処置を受けさせなければならないとされています（有機則第30条の4、特化則第42条）。

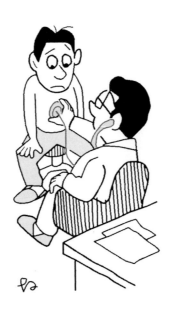

8　保護具

　事業者は、労働者が有機溶剤の蒸気を吸入することを防ぐために、有効な呼吸用保護具を使用させなければならないとされています。なお、労働者が有機溶剤の蒸気を吸入することを防止するには、換気装置その他の設備を設置して作業環境の改善を図ることが先決であって、保護具は、環境の改善ができない場合または環境の改善だけでは不十分な場合に、補足的手段として使用されるべきものです。

　呼吸用保護具の使用については、前述の「4　設備などの基準」において設備の設置が義務づけられていない「有機溶剤等を入れたことのあるタンクの内部における業務」および「密閉設備、局所排気装置等または全体換気装置を設けないで行うタンク内での短時間の業務」については、送気マスクを使用させるべきことが定められています（有機則第32条）。全体換気装置を設けた業務については、原則として送気マスクまたは有機ガス用防毒マスクのいずれかを使用させるべきことが義務づけられています（有機則第33条）（第1章の2参照）。

　また、有機溶剤の蒸気の発散源を密閉する設備では、通常呼吸用保護具を使用する必要はありませんが、それらの設備を開く業務については、呼吸用保護具の使用が義務づけられています（有機則第33条第1項第7号）。保護具の使用が定められている業務に従事する労働者は、当該業務に従事する間、定められた保護具を使用するようにしましょう。

9　有機溶剤の貯蔵および空容器の処理

（1）有機溶剤等の貯蔵

　事業者は、有機溶剤等を屋内に貯蔵するときは、有機溶剤等がこぼれ、漏えいし、しみ出し、または発散するおそれのないふたまたは栓をした堅固な容器を用いることとされています。また、その貯蔵場所には、関係者以外の労働者が立ち入ることを防ぐ設備を設け、屋内貯蔵設備については、有機溶剤の蒸気が屋外に排出されるような設備を設けることとされています（有機則第35条）。

（2）空容器の処理

　事業者は、有機溶剤等を入れてあった空容器で、有機溶剤の蒸気が発散するおそれのあるものについては、当該容器を密閉するか、または当該容器を屋外の一定の場所に集積しておくこととされています（有機則第36条）。

施錠でき、換気のよい冷暗所に保管する。
直射日光を避ける。

有機溶剤等を床などにこぼした場合は、おがくず、乾燥した砂などを用いて速やかに除去する。

砂　おがくず

10 計画の届出

　事業者は、有機溶剤の蒸気の発散源を密閉する設備、局所排気装置、プッシュプル型換気装置および全体換気装置で、移動式以外のものについては、関係する機械・設備を設置したり、移転したりする場合には、あらかじめ届出をしなければならないとされています。

11　危険有害性の表示・文書の交付等

　有機溶剤も含めて化学物質は労働者に健康障害を生じさせるおそれのある物質であることから、有機溶剤を容器に入れるなどして譲渡や提供する者は、その容器などに**①名称、②人体に及ぼす影響、③貯蔵または取扱上の注意など**の表示を行うとともに、注意を喚起するための標章を記すことになっています。

　また、譲渡や提供の際には、その相手方に対して危険および有害性の内容や取扱上の注意などを明らかにした**安全データシート（SDS）**の交付が必要とされています。

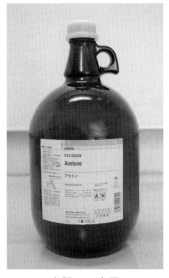

容器への表示

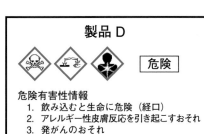

製品 D

危険

危険有害性情報
1. 飲み込むと生命に危険（経口）
2. アレルギー性皮膚反応を引き起こすおそれ
3. 発がんのおそれ

注意書き
1. ××××××××××××
2. ××××××××××××
3. ××××××××××××
4. ××××××××××××
5. ××××××××××××
6. ××××××××××××
7. ××××××××××××
8. ××××××××××××

氏名（法人名）、住所および電話番号

ラベルの例

参考1　労働安全衛生に関係する法令

（1）法令・通達とは

　法令とは、法律とそれに関係する政令、省令、告示等を含めた総称です。

　法律は、国が企業や国民にその履行、遵守を強制するもので、守るべき基本的なこと、守られないときにはどのような処罰を受けるかが示されています。具体的に行うことが何かについては、政令や省令、告示・公示によって明らかにされています。

種類	内容	名称	例
法律	国会が制定する規範。	「○○法」	労働安全衛生法
政令	内閣が制定する命令。	「○○法施行令」等	労働安全衛生法施行令
省令	各省の大臣が制定する命令。	「○○規則」	労働安全衛生規則 有機溶剤中毒予防規則
告示 公示	国や自治体が、一定の事項を法令に基づき広く知らせるもの。		安全衛生特別教育規程

　通達とは、法令の適正な運営のために行政内部で発出される文書のことで、上級の行政機関が下級の機関に対して、法令の具体的判断や取扱基準を示すものと、法令の施行の際の留意点や考え方などを示したものがあります。

（2）労働安全衛生に関する法令等

　労働安全衛生法は、事業者の責務として、労働者について法定の最低基準を遵守するだけでなく、積極的に安全と健康を確保する施策を講ずべきことを定めています。また、労働者については、労働災害の防止のために必要な事項を守るほか、保護具の使用を命じられた場合には使用するなど、事業者が実施する措置に協力するよう努めなければならないことを定めています。

　労働安全衛生法に関する法令や通達は、過去に発生した多くの労働災害の貴重な教訓のうえに、今後どのようにすればその労働災害が防げるかを具体的に示しています。労働安全衛生法等を理解し、守るということは、単に法令遵守ということだけではなく、労働災害を具体的にどのように防止したらよいかを知り、実行することでもあるのです。

第6章

有機溶剤中毒の
発生事例

事例1　全自動超音波洗浄装置内での有機溶剤中毒

業　種　**製造業**
被　害　**中毒1名**

発生状況

　この災害は、トリクロロエチレンで洗浄する全自動超音波洗浄装置内で作業中に発生したものである。

　工場内で、バケットに入った丁番をトリクロロエチレンで洗浄する全自動超音波洗浄装置で洗浄中に、バケットから丁番が落下したため作業者Aが丁番を取り出そうと自動洗浄装置内に入った。その後、他の作業者Bが洗浄装置内で意識もうろうとし、うずくまっているAを発見し、呼びかけたが反応もないため、消防隊員を呼んで救出された。救急搬送され、トリクロロエチレン中毒と診断された。

原　因

① 自動洗浄装置内へ立ち入りを禁止する措置を講じなかった。

② トリクロロエチレン蒸気が充満する自動洗浄装置内に有機ガス用防毒マスクを装着せず立ち入った。

③ 非定常作業の手順が定まっていなかった。

④ 作業者が配置転換した際に、業務に関する労働衛生のため必要事項の教育が行われていなかった。

⑤ 特定化学物質作業主任者を選任していなかった。

⑥ 作業者の防毒マスクの着用状況の監視を行っていなかった。

対　策

① 自動洗浄装置内へ立ち入らせない。やむを得ず立ち入る場合は、トリクロロエチレン蒸気がないことを確認させる。

② 必要に応じて防毒マスクを着用させる。当該労働者が従事する業務に関する労働衛生のため必要な事項について教育を行う。

③ 特定化学物質作業主任者を選任し、作業者の防毒マスクの着用状況の監視など、作業主任者としての職務を確実に行わせる。

事例2　有機溶剤を使用する反応釜での中毒

業　種　**医薬品製造業**
被　害　**中毒1名**

発生状況

　この災害は、医薬品原料である「塩酸ピルジカイニド」の中間体を製造する反応釜にビニール袋を落とし、それを取り出すため釜内に入った作業者が、トルエンを吸入し中毒となったものである。

　反応釜は、直径2.5m、深さ3mの円筒形、上下球形鏡板である。

　災害発生当日、作業指揮者Aが、フォークリフトで、粗ピルジカイニド（トルエンで湿ったスラッジ状のもの）入りドラム缶を作業床（2階）に揚げた。Aと被災者Bの2名（両名とも直結式小型防毒マスク着用）で、反応釜のマンホール（直径40cm、作業床上70cm）より粗ピルジカイニドを投入した。投入の際、ドラム缶の内側に付いていたビニール袋を手で保持していたが、これが外れ、ビニール袋が反応釜に落ちた。

　Aは、反応釜内のビニール袋を取り除く作業の準備に、一旦その場を離れた。ところが、Bは、終業時間が迫っていることもあり、マンホール入口に縄はしごを取り付け、ビニール袋をスラッジから引き抜こうと反応釜内に入った。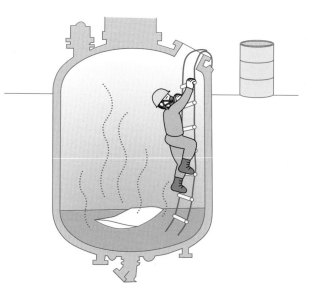

　準備作業を終えたAが反応釜をのぞいたところ、Bは縄はしごを上ろうとしていたが、底に墜落した。Aは、エアラインマスク（送気マスク）を装着した救援者を呼び、Bを引き上げ救出した。
※スラッジ：タンク内の油分・さびなどの沈殿物

原　因

① 　反応釜の中は高濃度のトルエン蒸気が存在していたにもかかわらず、直結式小型防毒マスクを装着して、その内部に立入った。

② 　反応釜に立ち入る前に、本作業の指揮者が、「有機溶剤を使用するタンク（釜）内作業」の作業方法を決定したが、作業を指揮していなかった。

③ 　監視人がいない状態で、作業者が1人で釜内に入った。

④ 　「有機溶剤を使用するタンク（釜）内作業」における安全衛生を盛り込んだ標準作業要領が定められていなかった。

対　策

① 　有機溶剤を使用するタンク（釜）内作業では、釜内に立ち入るときは、命綱を付け、送気マスクまたは空気呼吸器を使用する。また、監視人を配置し、釜外（マンホール等）より作業を監視し、異常があったら直ちに救出できる体制で行う。

　なお、直結式小型防毒マスクの使用は、低濃度トルエンの作業環境で一定時間（マスクによって決められた性能を維持できる時間・破過時間）内は有効で、臨時・短時間の作業に限り認められているが、有機溶剤を使用するタンク（釜）内作業では使用しない。

② 　「有機溶剤を使用するタンク（釜）内作業」の標準作業要領を定め、関係作業者に周知しておく。

③ 　第一は、有機溶剤を使用する反応釜内に立ち入らないことである。そのためには、例えば、一体化したビニール内張ドラム缶を採用するなど、ビニール袋が落下しないようにする。

④ 　釜内に不要物（ビニール袋等）が落ちたときは、外部から取り除くことができるように工夫改善する。

事例3　防水塗装塗布作業中の急性トルエン中毒

発生事業　その他の建築業
被　　害　死亡者1名

発生状況

　この災害は、防水塗装塗布作業中に発生したものである。

　洗剤工場の新築工事で、排水貯留槽ピット内を1人で防水塗装塗布作業を行う予定であった作業者A（防水工）が、作業日の2日後にピット内で倒れ死亡しているのを発見された。当該防水塗料（無溶剤型エポキシ樹脂塗料）は有機溶剤の含有重量が5％以下の塗料であったが、希釈するのにトルエンを使用した。災害発生当初は死因が判明しなかったが、後日、司法解剖の結果から、死因は急性トルエン中毒であることが判明した。

原　因

① 有機溶剤を使用するピット内作業を単独で行った。

② 無溶剤の防水塗料をトルエンで希釈しピット内に持ち込んだ。

③ 排水処理室内のマンホール付近には使用を指示された送風機（ポータブルファン）が設置されていたが、稼働していなかった。

④ 作業場内の道具置場に保護具（防毒マスク）が用意されておらず、また、着用されていなかった。

⑤ 有機溶剤作業主任者が防毒マスク着用、全体換気装置の設置など作業方法の決定を行わなかった。

⑥ 安全衛生指示事項としてピット内単独作業禁止とされており、事前に当日の稼働人員が1名と単独作業を知り得ていたが是正されなかった。

⑦ 元請の作業指示、管理が不徹底、作業終了点呼、作業箇所巡回をしなかった。

対　策

① ピット内でトルエンによる希釈塗料を用いることは可能な限り避けるようにする。やむを得ず有機溶剤を使用する場合は、ばく露防止措置を徹底する。

② 作業現場に送風機を設置し換気対策を十分に講じる。

③ 適正な呼吸用保護具を確実に着用させる。

④ 有機溶剤作業主任者が適正な指揮、管理等を行うようにする。

⑤ 安全衛生教育を行い、作業標準を徹底する。

⑥ 元請が作業指示、管理を徹底し、作業終了点呼、作業箇所巡回を行う。

事例4　バキューム車タンク内の清掃作業中の有機溶剤中毒

発生事業　**清掃業**
被　　害　**休業1名**

発生状況

　この災害は、バキューム車タンク内での清掃作業中に発生したものである。

　被災者Aはバキューム車タンク内で清掃作業を行っていた。タンク内部から異音がしたため、別の作業者Bがタンク頂部のマンホールからのぞき込んだところ、仰向けで倒れているAを発見し、救急車で搬送した。診察の結果、キシレン中毒と診断された。また、タンク底部に溜まっていたキシレンが被災者A着用の雨合羽のすき間より頭から背中にかけて入ったため、頭部および背部に化学熱傷を負った。

原　因

①　タンク内の清掃作業を行う際、作業手順を遵守せずに有機溶媒を使用した。

②　被災者が有機溶剤を使用することを会社に報告していなかった。

③　適切な保護具を装着していなかった。

④　作業者に対し、有機溶剤の使用に係わる危険性や有害性等の周知、安全衛生教育が不十分であった。

対　策

①　タンク内清掃作業を行う際は、作業手順を遵守するとともに、不必要な有機溶剤は使用しないことを徹底する。

②　作業者個人の判断で有機溶剤等を譲り受けることを禁止し、その徹底を図る。

③　有機溶剤を使用したタンク内の清掃を行う際は、送気マスクの使用、もしくは、有機溶剤の蒸気を十分に排気する能力を有した全体換気装置の設置および有機ガス用防毒マスク使用の措置を講じる。

④　有機溶剤作業主任者を選任する。

⑤　作業に従事する作業者に教育を行う。

第6章　有機溶剤中毒の発生事例

事例5　有機溶剤塗装作業中に誤飲により中毒

発生事業　**その他の事業**
被　　害　**中毒1名**

発生状況

　この災害は、事業所の敷地内で看板作成のための有機塗装作業中に発生したものである。

　有機溶剤塗装作業を2名の作業者で行っていた。清涼飲料水と有機溶剤をそれぞれ500mLのペットボトルに入れて作業場に持ち込んでいた。作業者のうち1名が清涼飲料水のペットボトルと誤認して有機溶剤（ペイント薄め液）を飲んだ。現場で直ちに水1.5L程度飲ませた後、病院へ搬送した。診察の結果、シンナー中毒と診断され入院した。

原　因

① 有機溶剤の小分け用容器として飲料のペットボトルを使用し、外観から飲料と誤認しやすい状態であった。

② 有機溶剤作業場所と飲食を行う場所の分離を行っておらず、有機溶剤と清涼飲料水を同一場所に置いていた。

③ 移し替えた容器に内容物の表示を行っていなかった。

対　策

① 有機溶剤の小分け容器は、誤認のおそれのない専用容器とする。

② 有機溶剤作業を行う場所と、飲食を行う場所を分け、有機溶剤と飲料は置き場所を別にする。

③ 有機溶剤の小分け容器には、内容物、有害性、取扱上の注意事項を明確に表示する。

その他の有機溶剤による急性中毒発生事例

番号	有害要因	業　種	被災者数	発生状況	発生原因等
1	メタノール	化学工業	中毒1名	被災者はメタノールを含有する結晶塊をふるいにかけて細かい結晶にする作業を行っていたところ、急性メタノール中毒となり、目まい、吐き気を訴えた。被災者は防毒マスク、保護めがね、保護手袋、防じん服を着用していたが、防毒マスクの破過時間は計算しておらず、被災者の判断に任せ40～50分ごとに吸収缶の交換を行っていた。換気装置は設置されていたが、被災当日は稼働していなかった。	リスクアセスメント不足 安全衛生教育未実施 換気・排気装置未稼働 作業環境管理不足 作業主任者・管理責任者等の未選任
2	メチルエチルケトン	製造業	中毒1名	製造室内で使用期限切れのインクジェットプリンター用のインクカートリッジを廃液用ポリ容器に移していた際に、インクをこぼしてしまい、約30分間、溶剤を使用してインクの拭き取り作業を行った。その間、同室内の10数m離れた場所で別の作業を行っていた被災者が、翌日に頭痛を申し出たため、病院で診察を受けたところ、有機溶剤中毒と診断された。作業場の換気設備は稼働していた。	適切な呼吸用保護具未着用 リスクアセスメント未実施 緊急時マニュアル未作成 安全衛生教育未実施 換気・排気装置の能力不足 作業環境管理不足 作業者の危険有害性認識不足 作業主任者・管理責任者等の未選任
3	トルエン	保健衛生業	中毒1名	障害者就労支援施設内のトイレから異臭が発生したため、被災者が1時間に1回のペースで換気や異臭確認を行っていたところ、喉のつかえや咳、頭痛などの症状が発生した。終業後も体調が回復しないため、病院を受診、急性トルエン中毒と診断された。当該施設は、部品加工（接着）業務を請け負っており、業務に使用する接着剤としてトルエンが使用されていた。トイレ内に廃棄されていたトルエンを主成分とする化成品が原因と考えられる。トイレは窓を開放し、換気扇を稼働させていたが、マスク等は着用していなかった。	SDSの未入手 緊急時マニュアル未作成 安全衛生教育未実施 作業環境管理不足 関係者間の連携・連絡体制不備 作業主任者・管理責任者等の未選任 作業主任者・管理責任者等の指示内容の検討不足
4	トルエン	無機・有機化学工業製品製造業	中毒1名	被災者は、反応缶を用いて製造する品種の切替作業のため、上部ふたを開放したうえで缶内部に入り、トルエンを用いて缶の内壁の払拭・拭上げ作業を行っていたところ、意識を消失し、救急搬送された。缶は上部を開放したのみで他に通風箇所はなかった。	適切な呼吸用保護具未着用 安全衛生教育不十分 換気・排気装置未稼働 作業者の危険有害性認識不足 作業者の作業手順・指示等の不履行 作業主任者・管理責任者等の指示内容の不備・検討不足 作業主任者・管理責任

番号	有害要因	業 種	被災者数	発生状況	発生原因等
					者等の危険有害性認識不足
5	シンナー	可塑物製品製造業	中毒の疑い1名（休業）	被災者は、第2種有機溶剤等および専用用具を用いてカメラ部品の文字部にインクを入れる作業に従事していた。また、インクが文字部からはみ出た際には、布に塗料用シンナーをしみこませて払拭していた。上記作業を9日間ほど行った後、病院を受診し、シンナー中毒の診断を受けたもの。当該作業場に換気設備は設けられておらず、防毒用の呼吸用保護具も使用していなかった。	SDSの未入手 適切な呼吸用保護具未着用 呼吸用保護具管理不足・点検不備 リスクアセスメント未実施 安全衛生教育未実施 換気・排気装置未設置 作業主任者・管理責任者等の未選定
6	有機溶剤	電気機械器具製造業	中毒1名（休業）	船舶の塗装作業場であった船首倉庫内で、制御盤の調整作業を行っていた被災者が、意識を失って倒れていたところを発見されたもの。発生原因は、有機溶剤塗装作業が行われていた船首倉庫内に、有機ガス用防毒マスクを使用させずに被災者を立ち入らせたこと、全体換気装置として設置していた送風機を稼働させていなかったことである。有機溶剤塗装作業には、エポキシ樹脂塗料、硬化剤、シンナーが使用されていた。	適切な呼吸用保護具未着用 安全衛生教育未実施 換気・排気装置未稼働 作業員への指示不備 作業者の危険有害性認識不足、作業手順・指示等の不履行 作業主任者・管理責任者等の職務不履行、危険有害性の認識不足 作業開始前の濃度測定未実施
7	アセトン	電気機械器具製造業	中毒の疑い1名（休業）	被災者は、派遣先の工場のブラスト室内において、指導者が製品の洗浄払拭作業の方法を実演し、教示しているのを見学していたところ、実演で使用していた溶剤（アブゾール：1-ブロモプロパン濃度99%：約50mL使用）により体調不良を訴え、休養室にて休み、同日午後復帰した。翌日、被災者は同工場のクリーンルーム内の一画にある積層工程にて、製品の高さ調節用のジグをアセトン（濃度98%：約50mL使用）を使用して払拭洗浄作業をしていた際に、再び体調不良を訴えた。病院で診察を受けたところ、急性薬物中毒の疑いと診断された。ブラスト室内では溶剤蒸気の排気が不十分であり、クリーンルームについてもアセトン蒸気を排気する設備はなかった。被災者は、有機ガス用防毒マスクは使用しておらず、一般的な使い捨てマスクを着用していた。	適切な呼吸用保護具未着用 安全衛生教育不十分 換気不足 装置・設備の管理不足・点検不備 作業主任者・管理責任者等の未選任 作業開始前の濃度測定未実施 作業中の濃度測定未実施
8	トルエン	紙製造業（手すき和紙製造業を除く）	中毒1名（休業）	災害発生時、被災者は塗料室にて、塗料調合のため、トルエンをドラム缶から手持ち式の缶へ、電動ポンプにて計量作業中であったが、目がしょぼしょぼしていたため、計量器の表示をよく見ようと、顔を近づけていた。トルエンのホースノズルを引き上げた際、レバーを握ったままであったため、ノズルから吐出したトルエンを誤飲し、病院へ救急搬送された。当時、被災者は、防毒マスクを着用していなかった。	適切な呼吸用保護具未着用 リスクアセスメント未実施 作業者の作業手順・指示等の不履行 作業主任者・管理責任者等の職務不履行

番号	有害要因	業種	被災者数	発生状況	発生原因等
9	第2種有機溶剤含有インク（アセトン、エチルアルコール）	その他の各種製造業	咽頭炎、咳、頭痛等4名（休業）	インクジェットプリンター（第2種有機溶剤含有インク使用）を用い、製品の製造番号を印刷していたところ、プリンター付近で作業を行っていた作業者13名が体調不良を訴え、4名が休業した。プリンターのインクには、アセトン（含有率80～95％）、エチルアルコール（10～20％）が含まれていた。局所排気装置は設置されていなかった。	SDSの未入手 適切な呼吸用保護具未着用 リスクアセスメント未実施 作業標準書・マニュアル未作成 緊急時マニュアル未作成 安全衛生教育未実施 換気・排気装置未設置 作業主任者・管理責任者等の未選任
10	酢酸エチル	化学工業	気管支炎1名	局所排気装置のない作業場所で、有効な呼吸用保護具や保護手袋を使用せず、酢酸エチルを98％含有する溶剤でゴム製品の表面処理をしていたところ、胸が苦しく咳が止まらなくなり、病院で急性気管支炎と診断された。	SDSの未入手 作業主任者未選任 作業環境管理不十分 呼吸用保護具未着用 危険有害性の認識不足 安全衛生教育不十分
11	有機溶剤	電気機械器具製造業	中毒（疑い）1名	事業場内の有機溶剤取り扱いエリアで、防毒マスクを着用し、有機溶剤を用いて実装基板のコーティング作業を行っていたところ、体調不良を感じ早退した。その後、意識が混濁してきたため、診断を受けたところ、有機溶剤中毒の疑いがありとされた。	リスクアセスメント未実施
12	酢酸エチル	化学工業	死亡1名	屋外で、酢酸エチルが300L入った金属コンテナ（縦・横約1m×高さ約1.3m、上部の開口部内径394mm）の内部に倒れている被災者を発見した。解剖の結果、気道障害が認められ、死因は腐食作用のある何らかの物質を吸引したことによる窒息ないし中毒の疑いと診断された。サンプリングのためコンテナ上部に上がり、コンテナ内に落とした携帯電話を拾おうとして転落したものと考えられる。	作業標準未作成 保護具未着用 安全衛生教育不十分 危険有害性の認識不足
13	ガソリン	その他の林業	中毒1名	山林の刈払作業を行っていたところ、休憩時にペットボトルに入れていた刈払機の燃料を、水と間違えて誤飲した。	安全衛生教育不十分 危険有害性の認識不足
14	キシレン、トルエン、イソプロピルアルコール等	船舶製造または修理業	中毒1名	造船所構内の研掃工場内において、船台ブロックの塗装を5名で行っていた。下塗りと本塗装には同じ塗料（キシレン、トルエン、イソプロピルアルコール等含有）を用いた。ブロック奥の区画で作業中の被災者が、意識がもうろうとしていることに、他の作業者が気づいて病院へ搬送したところ、急性有機溶剤中毒と診断された。防毒マスクの吸収缶が破過しているのに気づかず使用していた。	呼吸用保護具点検不足 危険有害性の認識不足 安全衛生教育不十分
15	イソプロピルアルコール	機械装置の組立てまたはすえ付けの事業	中毒1名	バケットコンベアの清掃のためバケットを外し、テント倉庫内でイソプロピルアルコール5.6％、エタノール86％が成分である洗浄液を吹きかけ、バケットにこびり付いた粉体製品を落とす作業を3日間の予定で行った。最終日、換気設備がない環境下で防毒マスクを着用せずに作業を行っていたところ、気分が悪くなり嘔吐したため、救急搬送され急性中毒と診断された。	事業者間の連携不備 危険有害性の認識不足 呼吸用保護具未着用 作業主任者未選任 安全衛生教育不十分

番号	有害要因	業　種	被災者数	発生状況	発生原因等
16	ミネラルスピリット、石油ナフサ、キシレン等	宗教、法務	中毒1名	派遣労働者である被災者が、派遣先の会社の倉庫において、清掃作業中に体調不良となり、病院を受診したところ、急性薬物中毒の疑いと診断された。当日、倉庫の外部階段において外部業者が上塗り塗料（ミネラルスピリット、石油ナフサ、キシレン等）を使って作業を行っていた。	換気不十分 呼吸用保護具未着用 事業者間の連携不備 危険有害性の認識不足 安全衛生教育不十分 リスクアセスメント未実施
17	トルエン	社会福祉または介護事業	中毒1名	10時ごろ、施設内1階で介護業務を行っていたところ、同建物2階で行われていた浴室整備工事の現場から漏れ出た有機溶剤（トルエン）の蒸気を吸入した。11時ごろ、頭痛と吐き気がしたため、頭痛薬と吐き気止めの薬を服用し、何度か休憩を取りながら17時30分まで仕事をし、その日は帰宅した。体調が良くならず、翌日病院へ行き有機溶剤中毒と診断された。	工事業者への指示不徹底 危険有害性の認識不足 安全衛生教育不十分 換気不十分
18	トルエン	既設建築物の設備工事業	中毒2名	施設内の浴室整備工事現場において、被災者2名が、第2種有機溶剤（トルエン等）を含有する接着剤の塗布の業務をローラーを用いて手作業で行っていたところ、現場内に充満した第2種有機溶剤蒸気を吸入し、トルエン中毒となった。	換気不十分 呼吸用保護具未着用 作業主任者未選任 危険有害性の認識不足 安全衛生教育不十分 リスクアセスメント未実施
19	イソプロピルアルコール	電気機械器具製造業	中毒1名	イソプロピルアルコール（IPA）を使用したインクジェットの洗浄作業に従事していたところ、誤ってIPAの入った18L缶を倒してしまい、床にこぼれたIPAを拭き取る際に直接触れた。吐き気を訴え、受診したところIPA中毒と診断された。有機ガス用防毒マスクや保護手袋を使用していなかった。	呼吸用保護具未着用 危険有害性の認識不足 リスクアセスメント未実施
20	再生シンナー	木材または木製品製造業	中毒1名	木製品を製造する工場で、塗料やシンナーの付着した容器や工具を洗浄した後に出る廃液を蒸留する作業を行っていた。蒸留後の装置内にあった残さを取り出していたところ、装置内で発生した有機溶剤の蒸気等を吸い込み、搬送先の病院で有機溶剤中毒と診断された。	換気不十分 呼吸用保護具未着用 作業主任者未選任 リスクアセスメント未実施
21	酢酸エチル、アセトン、ノルマルヘキサン	建築事業	肺炎1名	地下2階の部屋で電気機器の取付け作業を行っていたところ、他の作業者が近くの部屋で接着剤を使用し床の長尺シート張り作業を行っていたため、接着剤に含まれていた有機溶剤蒸気（酢酸エチル、アセトン、ノルマルヘキサン）を吸引した。帰宅後も体調が悪いため病院へ行き、過敏性肺炎および化学性肺炎の疑いと診断された。	換気不十分 呼吸用保護具未着用
22	有機溶剤	化学工業	中毒（疑い）、皮膚炎	塩酸タンクのゴムライニングの更新作業で、タンク内の接着剤（トルエン含有）塗布作業を2名で行っていた。作業開始10分後に被災者が倒れているのを他の作業者が発見して病院へ搬送し、有機溶剤中毒の疑いと診断された。当時送気マスクを着用せず、有機ガス用防毒マスクを着用していたが、当初から吸収缶が破過していた。	呼吸用保護具管理不足 危険有害性の認識不足 作業標準不徹底

「労働衛生のしおり」（中央労働災害防止協会　発行）掲載　平成28〜30年疾病事例より

参考2　有機溶剤業務従事者に対する労働衛生教育の推進について

（昭和 59 年 6 月 29 日　基発第 337 号）

　有機溶剤中毒の予防対策の実効をあげるためには、事業者が行う労働衛生管理に加えて、個々の労働者が有機溶剤の毒性及び中毒の予防対策の必要性を正しく理解し、事業者が行う諸対策に積極的に協力することが重要である。しかし、最近の有機溶剤中毒の発症事例をみると、労働者に対する労働衛生教育が行われていないか、又は不十分であることが原因であるものが依然として相当数にのぼっている。

　一方、労働衛生教育の推進については、昭和 59 年 2 月 16 日付け基発第 76 号「安全衛生教育の推進について」及び昭和 59 年 3 月 26 日付け基発第 148 号「安全衛生教育の推進に当たって留意すべき事項について」によりその推進を図ることとしたところである。

　これらの背景及び通達の趣旨を踏まえて、今般、「特別教育」に準じた教育として、別添のとおり有機溶剤業務従事者に対する労働衛生教育実施要領を定め、同教育を推進することとしたので、了知のうえ、その円滑な運用に努められたい。

（別添）　有機溶剤業務従事者に対する労働衛生教育実施要領
1　目的
　　有機溶剤中毒の予防対策の一環として、有機溶剤業務に従事する者に対し、
　（1）　有機溶剤による疾病及び健康管理
　（2）　作業環境管理
　（3）　保護具の使用方法
　（4）　関係法令
　　についての知識を付与することを目的とする。
2　実施者
　　実施者は、有機溶剤業務に労働者を就かせる事業者又は当該事業者に代わって当該教育を行う安全衛生団体等とする。
3　対象者
　　対象者は、有機溶剤業務に従事する者とする。
4　実施時期
　　実施時期は、有機溶剤業務に就かせる前とする。ただし、現に有機溶剤業務に従事している者であって本教育を受けていないものについては、順次実施するものとする。
5　教育カリキュラム
　　教育カリキュラムは、別紙「有機溶剤業務従事者に対する労働衛生教育カリキュラム」（註：略 4 頁参照）のとおりとし、その表の左欄に掲げる科目に応じ、それぞれ、同表中欄に掲げる範囲について同表右欄に掲げる時間以上行うものとする。
6　修了の証明等
　（1）　事業者は、当該教育を実施した結果について、その旨を記録し、保管するものとする。
　（2）　安全衛生団体等が事業者に代わって当該教育を実施した場合は、修了者に対してその修了を証する書面を交付する等の方法により、所定の教育を受けたことを証明するとともに、教育修了者名簿を作成し保管するものとする。

有機溶剤中毒予防の知識と実践（作業者用教育テキスト）

平成 29 年 10 月 5 日	第 1 版	第 1 刷発行
令和 3 年 7 月 30 日	第 2 版	第 1 刷発行
令和 6 年 8 月 7 日		第 7 刷発行

編　　者　　中央労働災害防止協会
発行者　　平　山　　剛
発行所　　中央労働災害防止協会
　　　　　〒 108-0023
　　　　　東京都港区芝浦 3 丁目 17 番 12 号
　　　　　　　　　　　吾妻ビル 9 階
　　　　　電話　販売　03（3452）6401
　　　　　　　　編集　03（3452）6209
表紙デザイン　　まつしまデザインブース
イラスト　　伊藤昭彦、佐藤　正、松嶋直子
印刷・製本　　壮 光 舎 印 刷 株 式 会 社

落丁・乱丁本はお取り替えいたします　　　　　©JISHA2021
ISBN978-4-8059-1996-5 C3043
中災防ホームページ　https://www.jisha.or.jp/